勇闖非洲死亡之心

CHAD 一個台灣人的查德初體驗

陳子瑜 著

目次
CONTENTS

輯二 台灣吃不到的查德美食

輯三　國際視野下的查德政治經濟

推薦序

萬毓澤（國立中山大學社會學系副教授）

與子瑜相識多年，向來佩服他好學深思且有行動力。這本書就是他結合「行動」與「學思」的成果。台灣有多少人去過查德、甚至深入當地生活的紋理呢？子瑜有機會遠赴查德工作，又擁有優美的文筆與精準的洞察力，理應負起向台灣人介紹查德的責任，而他也不負眾望地做到了。以下我簡要談一談讀後感，一併向讀者推薦這本好書。

這本書兼有「旅行文學」與「知識性雜文」之長。討論旅行文學，不免要引用詩人羅智成在〈好的旅行，以及好的文學〉一文中所言：「旅行文學的內容應該是來自創作者個人旅行的體驗。藉由行動與觀察，我們和某個時空互動，並產生知性或感性的激盪——所以：旅行文學的作品讓讀者也經歷到一段有意義的旅行。」的確，讀完此書，即使從未踏入非洲大陸，我們也彷彿跟隨作者穿越了查德一個又一個市集巷弄，品味了巷口柑仔店那杯「很甜的紅茶」，體會了查德「強悍」的乾燥高溫，也感受了人民的困苦掙扎，從而產生了「知性或感性的激盪」。（順帶一提：喜愛美食的朋友也可能讀到飢腸轆轆，請做好心理準備。）

由於子瑜有社會科學的訓練，使他在書寫時不會只是堆砌詞藻、「辭溢乎情」，而是多了幾分研究者的冷靜視野與分析力道。本書讀起來既像是學術工作者的田野筆記與反思，也是對社會科學知識的運用。比如說，〈小吃部考察〉討論了語言與階級的關係；〈是藥物是毒品？〉指出毒品「不單單是『休閒娛樂』，更是一種『發洩解憂』的手段」，而且「是基於人性與人類社會造成的壓力，所必然產生的後果之一」；〈出入境驚魂篇〉討論了政府默許的「非正式經濟」（行李小弟在機場提供的「服務」）；〈二十一世紀的天朝？〉、〈獨立是一種志氣：查德人的心聲〉、〈從中國國家副主席訪查德談起〉等篇幅較長的文字，則透過書寫中國在非洲的投資、查德的殖民與獨立等問題，讓人回頭思索台灣這座島嶼的處境，作者同事的那句「查德人想當自己的主人」尤其令人動容。此外，本書在論及查德歷史處，也經常使人眼界大開，從而能迅速將這個神祕的「非洲死亡之心」填補進自己的知識地圖（請特別參考輯四「讓格達費灰頭土臉的豐田戰爭」）。

老友子瑜把握良機寫出此書，我深為之喜，也與有榮焉。這本書內容豐富，且文字生動風趣，絕不枯燥乏味，在此鄭重推薦給台灣的讀者。是為序。

推薦序

陳奕齊（基進黨主席、民視台灣學堂副執行長）

我是帶著欣羨的心情，閱讀子瑜的查德生活短札。此乃因十多年前，我曾跟荷蘭的非政府組織合作，計畫去非洲進行三個月的「旅非中國工人」訪調，後來因個人突發事故，無法前往。隨著時間的流逝，當時候的那份「殘念」心情，便偶會在心底探頭浮現，惋惜著或許人生可能不會再有「非洲旅居」的邀約機會了吧？

於是，對我而言，這本短札雖是子瑜的查德私人體驗，卻也是個人透由子瑜在地生活的眼視與書寫，潛望著那個我們在知性上最為「無知」與感性上最為「刻板」的非洲實態樣貌，以及彌補當年個人未能實現的「旅非殘念」。事實上，我們對非洲的無知，常常也反應出我們對台灣自身跟國際互動與連帶關係的無知表現。例如，當年荷蘭友人向我提出此非洲訪調計畫之時，一時間丈二金剛摸不著頭緒，直至友人解釋，美國柯林頓政府自一九九六年起，即擬議並向國會提出「非洲成長暨機會法」（African Growth and Opportunity Act, AGOA），期以提供貿易優惠措施之方式，協助促進撒南地區對美國之出口。

紡織業更是受惠於 AGOA 中的主要產業；是故，長年做為台灣強項產業的紡織業台商，便利用 AGOA 中的紡織配額，挺進非洲設廠。由於，非洲在地工人存在著語言、文化與技術純熟度的落差，於是，台商便從中國招來許多工人在非洲台商工廠就業；但同時這群「中國工人」，也就成了此些台資廠非洲工人籌組工會時的「缺角」難題了。在荷蘭友人一番唇舌而恍然大悟的我，一方面興致高昂，但另一方面也因自己的無知而深感羞愧呢。

事實上，子瑜落腳查德的機緣，也是因為查德的台商——中油在查德的油田業務之故。子瑜此本查德生活短札，從食衣住行的私房體驗開始，邀請讀者跟著子瑜個人的眼視、觸覺與味蕾等感官，走進／近查德的常民生活世界。而這一幕幕活靈活現的查德平民生活世界攤開的背後，則是查德社會發展狀況的微縮展演；自然而然地，對於被查德相較「貧窮困苦」的平民生活世界所勾引起好奇心的讀者，便想進一步叩問，那又是在什麼樣的基礎條件跟背景下，造就今天查德的普遍社會狀況呢？於是，善解讀者心思的作者，便進一步引領我們進入國際視野下的查德政治經濟梗概，讓讀者的各項感官在隨作者的生活私房體驗而觸動之餘，也能讓知性好奇心所驅動的躁動渴望感，得到某種程度的安撫。

儘管，作者是因為中油在查德油田辦公室主任的業務職銜而旅居查德，但殊為可惜的是，或許基於業務機密使然，子瑜沒能把覬覦中油在查德油田的中國華信能源交鋒的故事寫出，實是可惜。畢竟，面對中國對台的國際大力度圍堵的此刻，中油與中國華信對查德油田的經營權爭奪戰，可以是一個對台灣政府、對企業界以及國人絕佳的「防中教育範本」呢。希冀，本書若有「重版出來」，能增補此一篇章。

不論如何，如果你想進行一場非洲國家的文字微旅行，用輕盈的私房體驗方式，以帶點輕鬆可愛的口吻筆調來引領我們走進／近查德的本書，值得一讀。就在闔上最後一頁時，我也才確認，為何當年台灣駐荷蘭代表曾跟我們說，在「種花冥國」跟查德仍有邦交之時，駐查德大使是所有外交官中薪水最高的，因為那邊的大使，據說還有一筆為數不低的「戰地加給」喔！

自序

人生的際遇，總是出乎意料；過去一些看似不經意的決定，往往會以意想不到的方式，在你的生命歷程中扮演決定性的角色。現在回想起來，如果不是一時好奇，報名了法文課程，後來可能也不會有到巴黎念書的想法，少了這兩個環節，恐怕必然就錯失了到非洲工作的機會，自然也不會有這本書的問世。冥冥之中自有註定，或許就是這樣吧？

隨著時代與科技的進步，往昔被稱為黑暗大陸的非洲，已經一躍而成為世界最後一塊資本主義的流奶與蜜之地；縱使經過了百餘年、來自東西方的「開發」，非洲仍舊是充滿了自然資產與無窮潛力的市場——然而，最近發出枯竭訊息的西非漁場，或許正在暗示某種不安的未來。

開羅、約翰尼斯堡、阿迪斯阿貝巴、拉哥斯，這些非洲知名的大城，在鏡頭上呈現出不輸給紐約、倫敦、北京的繁榮與擁擠；然而如果我們將目光往內陸移去，光景將完全不同。例如這本書的主角：查德。即使是首善之都的恩加美納，你仍然可以感受到一股濃厚的歷史感，大院高牆、步行叫賣的小販、塵土飛揚的住宅區街道。眼前的一切都像是十九世紀末，我們就這麼穿越了時空。

當然，時空沒有穿越，這個位處非洲中部、因氣候與歷史被稱為「死亡之心」的國家，一直到二十一世紀，才受惠於石油的開採，受到資本主義的青睞而有所「發展」。到了二〇一八年，寫作這篇序言之時，全國仍然沒有一條鐵路、人民普遍用來清潔牙齒的，是一種名為「穆蘇瓦克」的樹枝。

是的，這個國家很窮，絕對稱得上是世界窮國排名的前段班，以及隨之而來的瘧疾、愛滋、霍亂等疾病叢生，如果只是單從網路上或外交部的資料，你都會得到「不宜前往」的結論。然而到了當地，我發現的是，在物質落後的環境中，一股來自於人的心裡，強韌的意志與動力。

我遇到了原本可以一起「能撈就撈、能混就混」的官二代，看不慣腐敗的政府而選擇在民間企業打拚的年輕人；我看見國中之後無法繼續就學而協助家裡雜貨店生意的男孩，把握跟我們這些外國人接觸的機會學習外語；我更忘不了從一睜開眼睛就要陪著媽媽在全國唯一的法式麵包店前賣瓶裝花生的小女生，自我們手上完成一筆交易後興奮到跳起來的喜悅，儘管那不過只是價值二十五元台幣的貨品而已。

人窮志不窮，這是我從查德人身上感受到的志氣。當然這裡也有許多的詐欺、勒索、搶劫，甚至暗殺事件，但就端看你用怎樣的心態來面對這一切。回想起來，我還是很慶幸，當機會來臨的時候，我選擇了接受。

這本書是個人的生活體驗，獻給我在那邊遇到的所有人，也希望能帶給你不一樣的體驗。

查德簡介

國　名：查德共和國（République du Tchad）
首　都：恩加美納（N'Djamena）
格　言：團結、工作、進步（Unité, Travail, Progrès）
位　置：位於非洲中部內陸，北臨利比亞；南接中非共和國；西臨喀麥隆、奈及利亞及尼日；東靠蘇丹。

人　口：約一三六〇萬人
面　積：約一二八萬平方公里
貨　幣：中非法郎（與歐元採固定匯率制，約1：655；與台幣匯率約1：20）
宗　教：伊斯蘭教（五四％，以北方為主）、天主教（二〇％，以南方為主）、新教（十四％，以南方為主）、傳統泛靈宗教（十％）
氣　候：由北往南分為三個主要區域。北部的沙漠地區，屬熱帶沙漠氣候；中部乾旱的撒赫爾地區，屬熱帶草原氣候；南部較肥沃的蘇丹草原地區，屬熱帶雨林氣候。

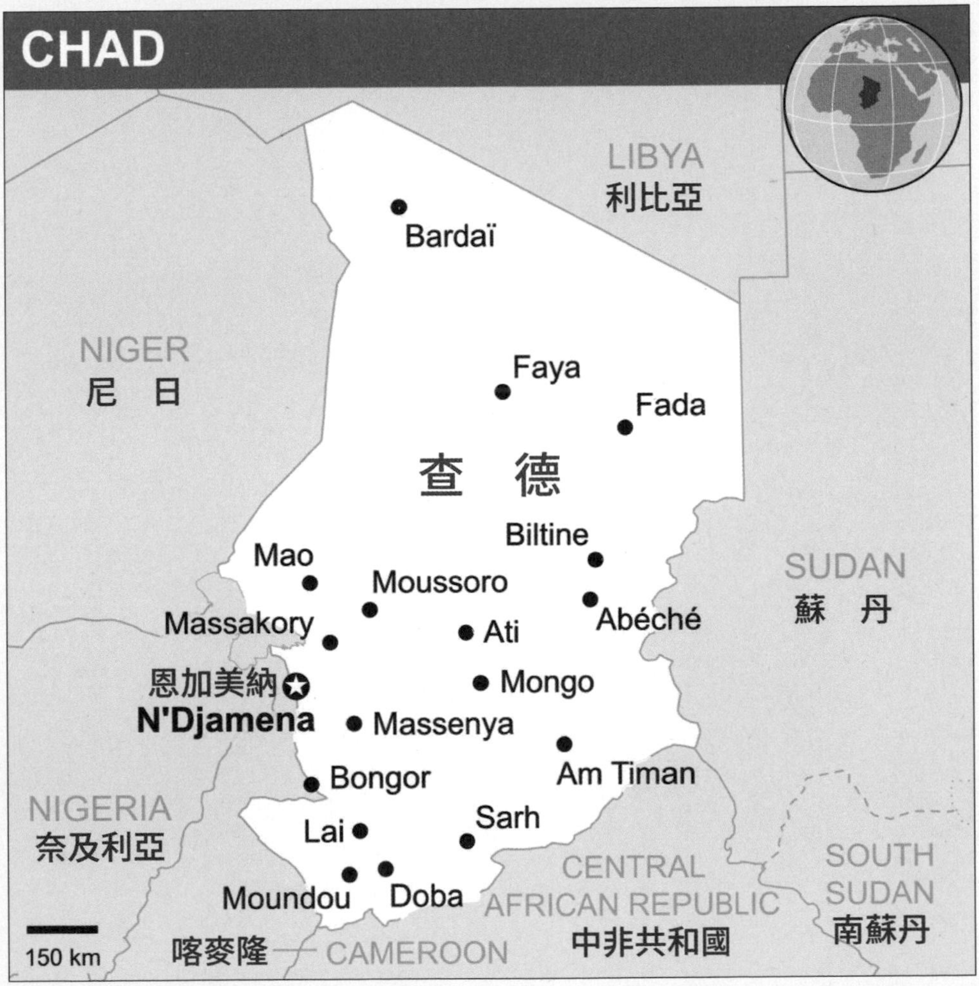
CHAD
LIBYA
利比亞
Bardaï
NIGER
尼　日
Faya
Fada
查　德
Biltine
Mao
Moussoro
SUDAN
蘇　丹
Massakory
Ati
Abéché
恩加美納
N'Djamena
Mongo
Massenya
Am Timan
Bongor
NIGERIA
奈及利亞
Sarh
Lai
CENTRAL
AFRICAN REPUBLIC
中非共和國
SOUTH
SUDAN
南蘇丹
Moundou
Doba
150 km
喀麥隆
CAMEROON

旅遊警示：紅色——不宜前往，宜儘速離境（外交部二〇一八年一月十八日資訊）。
常見疾病：霍亂、瘧疾、愛滋
入境強制接種疫苗：腦脊髓膜炎、黃熱病
簡　史：西元前七千年，已有大量人口在查德一帶聚居，至西元前一千年末期起，許多政權在查德的撒哈拉地區更迭，以控制該區的跨撒哈拉貿易路線為主。一九二〇年，法國占領查德，成為法屬赤道非洲的一部分。一九六〇年，弗朗索瓦·托姆巴巴耶帶領查德自法國獨立，但其政策引起北方穆斯林地區不滿，一九六五年爆發內戰。一九七五年，馬盧姆發動政變，暗殺並推翻托姆巴巴耶，但局勢並未平定。一九七九年，反政府軍攻進首都，結束南部菁英統治政權，經過一連串內鬨，由海珊·哈布雷取得總統大位；一九八七年，利比亞格達費入侵查德，爆發豐田戰爭遭擊退；一九九〇年，哈布雷遭麾下將領伊德里斯·德比推翻，後者執政至今（二〇一八），哈布雷於二〇一七年以違反人道罪為名宣判無期徒刑。
政　治：查德現有約八十個政黨，但德比領導的「愛國拯救運動」占絕對優勢，為一黨獨大制。由於年事漸長，查德近日局勢不穩，除二〇〇八年差點遭政變推翻外，搶劫、暗殺事件屢見不鮮。德比高度仰賴國家安全局特務壓制反對勢力與異議人士，一如台灣國民黨時期的警備總部。查德是世界上最貧窮、貪汙情況最嚴重的國家之一。
查德的政府體制有濃厚法國影子，設有總理與國民議會，國會議員一八八名，任期四年，每年舉行二次定期會議，分別在三月和十月開始，總理可要求進行特別會議。議員每二年會選舉一名議長，總統須在十五天內簽署或否決通過的法案。議會可經由不信任動議迫使總理辭職，如行政機構提出的法案在一年內兩度被否決，總統可下令解散議會，重新舉行選舉。執政黨「愛國拯救運動」目前有一一七席；其餘政黨席次僅十席至個位數間。

經濟：查德是中非國家銀行（BEAC）與中非經濟與貨幣共同體（CEMAC）成員國。自二〇〇三年起，石油已取代傳統的棉花工業，成為查德最主要的出口收入來源，但近年來因再生能源興起與油價走跌，導致國內經濟疲軟；國內有高達六成糧食需仰賴進口；目前主要依靠空運跟公路運輸，二〇一七年才跟喀麥隆達成協議，將該國境內鐵路延伸至查德首都，預計是查德的第一條鐵路；與中國經貿合作密切，包括煉油廠、衛生與教育經費都有中國贊助，中國並提供留學生名額給查德大學生。

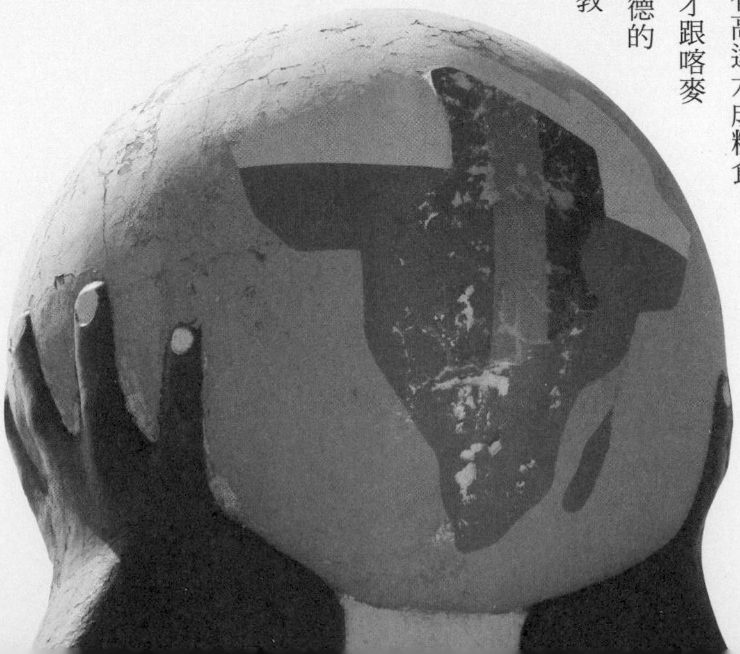

跟著子瑜前往距離台灣一萬公里遠的查德，展開全新的生活吧！

輯一

非洲內陸的
查德生活

巷口柑仔店的小男孩

人跟人的相遇，有時候會在生命的記憶中留下一個很長很久的位置，有時候就像一個眨眼的瞬間，下一秒就消失了。但是也有很多時候，會讓人感慨際遇的差異，於是乎，緣分也好、運氣也罷，往往都是在尋求一種解釋，為相遇尋找注解。

由於公司所在的位置是查德首都的別墅區，路上甚少實體店面，小販多半將貨品陳列在人行道上；經濟情況再好一點的，就會盤個小鐵皮屋，賣個飲料、電話卡或法國麵包三明治等小吃。公司斜對角，一處由屋內延伸的大樹陰影下，就有這麼一間小鐵皮屋，不到兩公尺高、僅能容納兩人側身的空間，是老闆賴以為生的根基。

老闆是個身形修長的男性，放在鐵皮屋旁的祈禱毛毯，是一日五次朝拜必要的物品，在上頭加個蚊帳，便成了晚上過夜的床。每一次經過這個轉角，幾乎都會看到老闆低頭閱讀一本小書，或許是《可蘭經》吧？只是在查德終年炎夏的日子裡，一身純白的傳統服飾、專注於文字的神情，不禁讓人也跟著忘了氣候的影響，彷彿是在博物館內欣賞一尊以智慧為主題的雕塑品。

某次偶然跟同事聊起，得知他經常會到這間柑仔店買紅茶喝，便約好下次一起去捧場、嚐鮮。午後，兩人信步過了路口，來到攤前。老闆已經認識同事了，簡單地打個招呼，同事用手比了個「二」，再指指他跟我，示意兩杯。語言不通的時候，這是最簡單的表意方式。我們把手中的保溫罐依次交給他後，老闆拿到熱水壺前，先將一旁的玻璃杯用臉盆裡的自來水沖洗一下，裝滿一杯的量，接著才倒進我們的保溫罐。

我問多少錢？老闆聽不太懂，而同事說之前都是直接給五十塊中非法郎，所以就變成一種習慣。走回辦公室，坐下一嚐，茶香是還好，但糖味挺重的，更重要的，是熱的。所以後來只好等涼一點再繼續喝。雖說很甜，然而在查德這個極易流失水分與糖分的地方，這種程度的甜，或許是剛好而已吧。

同事即將回台的時候，特別交給我們一個紙袋，請我們轉交給老闆的小孩，開啟了我跟這位柑仔店「小開」的相遇。紙袋裡是同事來不及用完的中非法郎，約有數萬元之多，對當地人而言是相當大的一筆金額。我跟其他同事拿給老闆時，特別強調是同事送給他小孩的禮物，可惜由於老闆只會說阿拉伯語，所以也只能猜想我們的比手畫腳，他已了解。

接下來的一段時間，變成我自己一個人去捧場，也終於見到了老闆的兒子。說實話，跟我的想像有滿大的落差。之前同事說他是個很可愛的小孩，我便先入為主的覺得可能是六、七歲、國小階段的小男孩，古靈精怪又活力旺盛的那種。但是眼前的這位應該要稱之為少年才對。一百六十幾公分的身高、跟父親相似的修長身形，但是更加濃眉大眼。令人印象深刻的是，他那股給人很強烈羞澀感的微笑。

相較於父親，他略懂一些法文，因此還算勉強可以溝通。接下來的日子裡，我注意到他跟父親有時會一起出現；有時比較像輪班顧店。每當我們乘車經過時，他都會很熱情地跟我們敬禮打招呼，相當的可愛。於是，我們也總會記得，三不五時去交關一下。

但是呢，柑仔店的紅茶雖然用甜味壓過了品質不太佳的茶葉，水也是燒開的，在衛生上比較沒有顧慮；關鍵卻在於「自來水清洗的玻璃杯」這一道手續。查德的自來水，就是地下水，政府沒有

1. 與小男孩合影
2. 小男孩和他的朋友

能力去做太多的水質處理，所以每逢大雨過後，都必須打開水龍頭先流個一陣，等那些黑的黃的都不見了，才能使用，更別說是生飲了。根據這項資訊，讀者們就不難知道，這一杯兩杯的紅茶裡，著實存在著「純天然」的地下水成分。

所以剛開始喝的時候，的確是感覺到跑廁所的次數明顯變多了。不過人的身體總是很能夠適應環境，多喝個幾次，也就恢復正常。而我們也跟老闆的兒子越來越熟，改口稱他為紅茶小弟。出乎意料，紅茶小弟今年已經十七歲了，但是因為經濟的緣故，沒有繼續上學，在這裡協助家業。前些日子沒什麼生意，他就一個人靜靜地坐在椅子上，看著街道。偶爾有跟他年齡相仿的朋友來聊天，法文程度比紅茶小弟好很多，有時就靠他朋友當我們之間的翻譯。

又過了一段時間，有一次去捧場，他看到我們就說「meiyo」，讓人一時間摸不著頭緒，法文？阿拉伯文？結果都不是，是中文「沒有」。原來這陣子附近新開了一間中國醫院，柑仔店常常來一堆中國客人，紅茶小弟就這麼學起了中文，他的確相當有天分，一到十的發音相當字正腔圓。如果能夠有機會繼續接受教育的話，應該會有相當好的發展。只是人生的際遇就是如此，先是出生在查德，接著又不是在資源比較充分的家庭，儘管如此，至少還有一份可以糊口的生意，沒有被環境逼著走上乞討或從事非法行為的路，已經比這個國家大多數的人要幸運了。

後來，公司搬到新的地址，與柑仔店有一段不算近的距離，以後就很難像這樣走個路口便過去捧場。利用搬家的空檔，拿了兩支冰棒，送給紅茶小弟跟他朋友，兩個人吃得很開心，唏哩呼嚕的一下就啃完了。閒聊了一陣，跟他們提要搬到新地址的事，來說聲再見，順便再捧場一杯小杯的紅茶。手頭上只有一百塊的硬幣，就直接拿給他說不用找了。沒想到他還是堅持要找給我五十塊，讓我聯想到一件事，搬家時我將一些以台灣人眼光來看會直接交由回收業者處理的物品，轉交給當地員工，他們高興得彷彿像中了樂透一樣。在這樣的生活條件下，我忽然覺得，手上的這個五十元硬幣，特別沉重，跟「誠懇」這兩個字的筆畫一樣，需要很用心，才能寫好。

雖然至今仍不知道紅茶小弟跟他朋友的名字，不過他的微笑，一定會在我的記憶中待上很久一段時間。還有那杯很甜的紅茶。

不是天使也不是惡魔，他們只是努力地生活

查德是一個很貧窮的國家，但領導人深知，國家要發展，教育是必要的管道。因此儘管在財政長期不佳的情形下，仍然提供國民義務教育，學費全免。只是以二〇一〇年的統計數據來看，依舊有將近一半的五至十四歲學齡人口沒有就學，約一四八萬人。

這些小孩與青少年到哪去了呢？勞動。是童工嗎？也不見得。這段年紀的小孩，體格發育還不完全，無法承擔重度勞力工作，由於沒有受過基本教育，也少有一般的工作機會。叫賣小販，就是比較常見的出路。

1. 剛放學的學生
2. 騎毛驢的小兄弟
3. 賣芒果的小女孩

3

2

在街上，不時可以看到這個年紀的孩子們，陪在父母或長輩身旁，顧著路旁的小攤子。一張破舊的小木櫃，上頭擺著各式各樣、不知從哪批來的雜貨與生鮮，寶特瓶裝的花生是最常見，此外還有熨斗等小家電、報章雜誌、跟加油站批貨，自行以寶特瓶分裝的汽油、以西瓜為大宗的水果，甚至還有鮮魚——當然，高溫曝曬殺菌，沒有冰塊墊底的。

小販除了在一般道路、圓環等交通要道設攤之外，外國人常出現的西式超市、餐廳、酒窖與較高檔的店家周遭更是兵家必爭之地。往往就是一整排的破陽傘，或紅或藍，像一列迎賓隊伍。某次我們到西點店添購早餐用的優格，同事剛好找了些零錢，出門看見有位包著頭巾的小女孩，手中拿著一瓶花生示意，或許是想說就花光零錢吧，便順手成交。

可能是今天的第一筆生意，小女孩的反

應出乎我們預料之外，她露出大大的笑容、高興的手舞足蹈，揮舞著手中的五百塊紙幣（約台幣二十五元），跑回到自己的攤子上，向媽媽炫耀著。雖然我們已經坐上車往回程駛去，耳邊卻彷彿可以聽見：「馬麻妳看，這是我賺到的錢喔。」

這位小女孩，或許是很幸運的，不是因為她把花生賣掉，而是她還有花生可以賣。

在查德街頭，有更多的小孩們，年紀還不到國中吧，人手一個不鏽鋼碗，三五成群地遊蕩著。這個碗就是他們的吃飯傢伙。渴了，撈起河水、自來水，甚至是路邊的積水喝；餓了，到餐廳或雜貨店要點客人吃剩，或過期與快過期的食物；最

1. 玩耍的小姐弟
2. 拿著不鏽鋼碗的男孩
3. 準備乞討的小孩們

常見的使用方式，是看到黃種人或白種人，就一擁而上，把手中的碗伸到你的面前，要錢。

例如某次遠行，途經蒙構（Mongo）這座城鎮加油、休息時，當地的小孩子立刻蜂擁而上，除了是因為很少見到外國人而好奇之外；另一個最主要的目的，就是跟你乞討。如果你人不在車內，他們就會擠到你身邊；如果你待在車內，他們會拍拍車窗吸引你的注意，直到放棄或你出手表態。

遇到這種情況，狠下心視而不見或驅趕是必須的。原因有二：一、你並不知道他們會有什麼樣的後續動作。曾聽聞過有人回說身上沒錢，反而招來孩子們的「檢查」，甚至有人趁亂搶奪

手機；二來，如果你真的掏錢出來，會引來更多的孩子們，就像將麵包塊丟進滿是魚群的池裡。

你有多少麵包，能餵飽這些魚群？

必須坦白承認的是，這是為了保護自己的方法。然而，更必須要警惕的是，不要讓自己陷入中產階級價值觀中的膚淺一面，將這些孩子視為一般定義下的「壞人」。他們之中有相當大的比例，連基本的教育都沒有受過，每天睜開眼睛的目的就是為了填飽肚子，男性可能就是上街乞討、更大一點被幫派吸收；女性則是多了一個性工作者的選項（或許也稱不上選項）。

他們不曾有這個機會與條件，被培養成所謂的「知書達禮」、「具備善惡觀」，若用道德來高調的批判他們，只不過是旁觀者清的偽善。

回過頭來，由於工作地點分散，每逢用餐時刻，都要驅車前往另一個不遠的地點。途中會經過貧民區的一角，周末假日或黃昏時分，許多三、五歲的小朋友們，就會群聚在泥土路上，以建築物的長度為界，踢起足球；或是盪著大人們用繩索套在大樹上，用垂吊下來的部分綁上粗皮帶製成的鞦韆；或是小孩抱著小小孩，一起出來玩。當我們驅車或是步行經過時，他們會好奇的盯著我們，笑著揮手打招呼。

如果可以，我相信他們也會希望跟台灣或日本的小孩子一樣，到學校唸書、吃著乾淨的食物與飲料，和同學朋友們快樂地玩耍、好好地長大。

至於那瓶花生，一個人吃實在太多了，後來就和公司的警衛一起分享。下次有機會，應該會再捧場一瓶吧！我們都是努力地生活著。

在查德，閱讀是一件奢侈的事情

日前台灣著名文化人郝廣才，在金鼎獎頒獎典禮上，因一席「閱讀沒做好，全島就會變傻瓜，有再多的軌道，你把傻瓜運來運去，要運去哪裡啊？」以及「台北車站大廳坐的都是台灣人，是不是已經像外勞了呢？」等疑似歧視言論引發爭議。至少來台灣工作的東南亞移工中，有很多是具備大學學歷的，念的書並不會少。此外，不閱讀不見得會變傻瓜，但少了同理心跟求知欲，一定會比傻瓜還不如。

因此，我想分享跟閱讀有關的另一個產業：書店。

泉源書店

1. 書店入口

2.3. 書店內一景

首都恩加美納有兩間主要書店，而且都具有宗教背景：一間是天主教，另一間則是伊斯蘭教（即為查德二大宗教）。這一次要介紹的書店，則是具備天主教背景的「泉源（La Source）」。之所以具備宗教背景，原因在於這是一項古老的傳統，也就是在近代國家實施義務教育之前，宗教的傳播是一般人民獲取知識的主要來源。宗教的教義，是教育人民世界觀、道德觀、行為觀的準則。由於查德的資本主義發展與經濟情況還無法將「閱讀」完全商品化，因此宗教仍扮演相當重要的角色。

踏進書店裡，空間並不大，約莫是台灣國中教室一半左右的空間，書籍也以教科書為主。有趣的是，書架上陳列著前美國總統歐巴馬的傳記，但關於查德政治跟歷史類圖書卻非常稀少。「政府雖然沒有禁止出版，但社會上普遍還是不太會挑戰這方面的事情，基本上都以教科書為主。」同行的當地同事這麼解釋。我瀏覽一下幾本書的封面和目次，就算有些比較具批判性，程度也都滿溫和的。

其中有一本挺有趣的，《一個流亡者的告白》，作者是二〇〇八年政變領袖之一，政變失敗後逃到國外，寫下這本回憶錄。寫回憶錄不稀奇，稀奇的是為什麼可以在查德出版呢？答案之一是他已經沒有威脅性了，執政者不在意；答案之二是，這裡書太貴了，流通普及的難度非常高。

第二個答案，讓閱讀這件事情在查德，成為一種有如貴族般的奢侈事項。

舉例來說，這間書店裡販賣的教科書，都是來自法國的法國官方版；其他關於宗教、文化，甚至是介紹查德的書籍，也都是在法國出版，然後進口到查德。所以一個不意外的狀況就是，價錢也是法國的消費水準。像剛剛提到的政變領袖回憶錄，一本就要價四十歐元左右，折合台幣約一千四百元，將近三萬中非法郎。

三萬中非法郎是什麼概念呢？以當地價格比較高的駱駝肉來說，五個人吃一餐含飲料，大概一萬中非法郎。也就是說，一本書可以讓十五個人吃一頓飽；另一個概念，這個國家的最低工資是六萬中非法郎，換算約合台幣三千元。一本書，就是半個月的最低工資。加上國家沒錢，對教育資源的投注不足，在在都讓閱讀變成一件很奢侈的事情。

但是，仍然有許多查德人很努力地把握機會，吸收各種知識。像是我們公司的園丁與司機，在回收公司訂閱、用來掌握輿情的過期報紙與雜誌時，不忘將之從頭到尾讀過一次；或是靠著手中那台在台灣已經被淘汰、連維修都可能找不到零件的隨身播放器，跟著裡面的英語教學一句一句覆誦。曾經還有一次，跟門口的警衛聊天時，對方拿出一本已經泛黃而破爛的中文教材，問我正確的發音。

我相信這些人的閱讀絕對都沒有台灣人來得多，更不用說台灣人中所謂的「菁英分子」，但是我在這些人身上感覺到的，是一種純粹的、因為想要認識這個世界的求知欲，以及相應而來的自我充實感。有同事被他們的求知欲所感動，私下湊錢贊助，讓他們能利用休假的時候去上課，繼續充實自己。

閱讀與求知應該是一件讓自己高興與滿足的事情，而不是拿來嘲笑、甚至歧視沒有這種條件與環境的人，對吧？

徵才記

徵才是一件很有趣的工作，特別是在像查德這樣的異國徵才。為什麼呢？原因很簡單，你要上哪徵人？在一個缺乏基礎建設的國家，即使是首都也常常動不動就缺停電，手機訊號？抱歉找不到喔。網路通訊？那是外資外商在用的啦！一般人民連乾淨的自來水都很難取得了，誰跟你整天上網追劇推文啊！

所以這裡的徵才，履歷是其次，介紹人跟語言能力才是重點。

履歷其次，是因為大部分的人大約就是高中畢業，能唸到大學、到國外念大學，甚至到台灣念大學（真的有，之前認識一位查德帥哥，他先在布吉納法索念大學，再透過台布外交關係來台念中文後取得交大碩士學位，中文很溜呢）。大學畢業生早就已經被各大政府機關或外資企業優先相中了，哪輪得到我們。

語言要求則是跟台灣一樣，強調英文，但有沒有查德版全民英檢什麼的我就不清楚啦。由於查德是前法國殖民地，查德人主要說的語言是自己部落的母語、阿拉伯語，以及法文。

但是！關鍵就在於外資企業不是每個人都會法文啊！如果不是負責翻譯的人，很多人員別說法文，就連英文可能都只會講：「你要去哪裡？」「我從亞洲來。」問題是，每間外資公司的翻譯也才一到兩個人，哪可能每出一台車就隨車配一名翻譯？所以，就只能希望司機有基本的英文能力，可以溝通囉。

舉例來說，我剛到查德的時候，因為車隊擴編，需要徵新的司機，於是就有了五位報名者要來應徵。可是到了面試當天，只有來四份履歷，第五個應徵者說他當天會帶履歷一起來。

然後他就沒出現了。

習慣就好。因為就算有來報到的人，也很難準時。約十點，十點半開始是正常的。

畢竟這個國家的資本主義還沒有發展到對於時間有嚴格的要求，時間對這裡的生活而言，更像是日出而息，日落而作……（我可沒有說反！這邊夏天熱到路面可以煎和牛跟蛋絕對不誇張，不管是誰都要找個陰影處避難啊！）

好啦，該把正題拉回來了。

所以這邊怎麼徵才？認識的人推薦、同業公司行號幫忙，甚至是既有的編制人員轉職。等等，最後一點是怎麼回事？不都是既有編制了幹嘛還要重跑一次應徵，直接調單位就好啦？其實是因為在查德，很多工作、特別是公司業務之外的工作，都是外包給當地的承包商。例如警衛有保全公司、環境整潔有環保公司，管家也有專屬的管家公司。看起來高度分工，但更像是高官下游的個人企業勢力範圍。

舉個例子，某間外資企業有固定合作的租車公司，背後老闆是政府某局長，萬一車子在路上被軍人攔下來勒索，企業人員就一通電話請該局長處理：「大仔，你的車被攔了啦。」

是的，就是請門神的概念。

回到應徵司機的現場，這次到場的四個候選人，都是上述的背景、也都是男性。以下我們簡稱阿達、阿巴、阿杜、阿卡。為了便利讀者閱讀，對話將自動更換為中文模式。至於問題都是固定的：請自我介紹、有沒有開長途經驗、能不能接受加班。

阿達篇

「我……大學……畢業，工作……這些公司，結婚……小孩有，做過……工作很多，像是……安全……開車……寫計畫，已經退休……想找新工作。」

「有……開到其他大區……開過有水、泥巴、風暴的路。」

「可以……給我計畫……可以配合。」

阿巴篇

「有工作經驗，待過一些公司，嘛～想來應徵司機。」

「長途經驗有喔，我還有開到其他國家，像喀麥隆、奈及利亞都有。」

「加班啊，應該可以吧，叫我來我就來囉。」

阿杜篇

「你好，我叫阿杜，有大學學歷，有在其他外資企業待過，工作上都滿能配合的，有駕駛的經驗。」

「長途有，但沒有出國，最多就是到國內其他大區。」

「加班沒有問題，只要公司安排我都可以配合。」

阿巴篇

「我。畢業。學校。工作。有。經驗。」

「長途。沒有。開車。有。」

「加班。不行。」

請問你要錄取誰呢？

罕見的燈紅酒綠：查德夜生活

查德的夜空很漂亮，因為有光害的地區很少，即使是首都，抬頭一望就是點點星空。不過不代表此處毫無夜生活，既然這邊有外國商務客，那麼同樣就會有些相應的生意可以做：餐廳、旅館、Lounge Bar，以及其他。這一次，為大家介紹的就是恩加美納少數的 Lounge Bar 之一：卡尼莫。

因為地緣關係，卡尼莫離法資飯店 ibis 跟 Novotel 不遠（不過這邊的 Novotel 不會帶警察搞客房服務啦），主要的客群也是歐美外國人為主。從外觀上是絕對看不出來有這間店的存在，只見一片什麼都沒有的長牆與整齊潔淨的漆面，跟一般屋舍沒有差異，必須再往前走一點點，才能看見霓虹燈、警衛與旋轉式入口，非常低調，竟也與內部的氣氛產生某種詭譎的呼應。

入場之後，圍牆內的光景，是一種很難在一般定義下的「都市」中出現的裝潢：露天庭院，以真正的茅草塗以各色油漆並束緊後搭建成的遮雨亭頂，以木柱支撐，或圓或方，圍出一個個座位區；座位是沙灘躺椅，紅黃綠藍各色繽紛，以圓桌為中心擺放；內牆上漆畫著海灘的景色，對查德這樣的內陸國家來說，的確是給人奇異的感受，究竟只是一種夏威夷主題風，還是吐露著某種想要向外的願望？

晚間九點多抵達，樂團已經開始演奏，趕緊隨著服務生入座。菜單以飲料為主，常見的調酒種

夜店一景

類如長島冰茶、馬丁尼；當地啤酒、海尼根、紅酒、一般飲料均有，價格則是針對外國人訂定，一杯調酒約二百至三百台幣（四千到六千中非法郎），絕非當地人隨時都能享受的價位。

點了瓶「33」，隨啤酒附上的點心倒是相當有熟悉感：花生。花生是查德十分普遍的小吃，路上常見小販將花生裝在寶特瓶裡（就是台灣拿來裝柳丁汁的那種）販售。跟台灣不同的是，查德的花生沒有炸或炒的過程，鹽巴也加得不多，所以口感是相對清淡與清爽。但不管怎樣，桌上一盞燭光映襯，喝啤酒、配花生，在地球的另一端，竟有這麼類似台灣的飲食行為，無形中也增加了些熟悉感。

融合夏威夷與查德特色的裝潢很奇妙，更妙的是另一邊的內牆竟然有小型的人造假山跟瀑布，水不停地流瀉而下！這裡是全國只有二％人口可以用自來水的國家耶，真的是有夠大手筆的；更奇特的，是假山旁的座位區，居然是用可麗餅小販的棚子搭起來。為什麼我知道是可麗餅？因為棚子的前簷用法文寫著大大的「CREPERIE」……。

茅草亭裡也相當特別，在亭頂內側與柱子上安裝小燈泡，定時變換各種色彩，或紫或綠、或白或黃，隨著樂團演出，觥籌交錯間形塑出十分魔幻的氛圍。當你微醺時，會發現各色人種的客群彷彿被燈光的色彩吸納進去，樂音的節奏把你跟其他人一點一點地送上高空，讓這間店為你隔絕白天見聞的一切，成為另一個不同的世界……直到你眼角餘光瞄到後方擴建中的工地，才又重新落地。

雖然是露天 Lounge Bar，但更像是複合式餐廳，有些早來的客人會點餐，炸薯條、生菜沙拉、肉類主菜，完全是歐美的風格；工地更後方是酒窖，陳列著可樂娜、海尼根、伏特加等外國品牌酒類與法國紅酒。除了紅酒因為有優惠，比台灣便宜之外，其他的酒類價格都跟台灣差不多，甚至更貴。

回到座位，樂團主唱持續高歌中，以輕鬆帶著慵懶的曲風為主，歌聲跟粗獷的外表完全不搭，講話時有些低沉，但唱起歌來聲線變得有點細、聲音略扁一點，別有一番特殊的韻味；法文的歌詞不曉得是否呼應他的心情，歌聲裡有股投射希望的厚度：「跌落吧！跌落吧！自由吧！自由吧！」吉他、鼓、鍵盤的伴奏仍舊是輕鬆而慵懶，像麻醉藥。

一曲結束，舞群進場。一組四人，都是女性。紅色系為主的服裝，搭配黑長襪、及膝裙、布鞋，露出一截肚皮。與其說是專業舞團，其實更像社團朋友受邀演出。從後續的舞蹈動作中也印證了這樣的猜測。沒有繁複或高難度的舞蹈動作，也沒有整齊劃一的相互配合，而是用一種近乎天生的韻律感，與樂團的節奏完美搭配。舉手投足間的「業餘」，反倒更加突出了體內的音樂「基因」。這樣的互動，與其說是表演，還不如說是默契很好的老朋友們在同樂，也感染了現場的觀眾們。

進入到獨舞階段，一方面是敬佩主唱的肺活量，居然可以連唱近半小時不間斷；二方面則是讚嘆原來還有這種「歌舞互尬」的方式。每當主唱唱出旋律中的重音，舞者就會在同一時間做出頓點；當主唱進到緊湊的節奏時，舞者有的持續下腰、扭臀；當主唱以一個高峰做出段落，舞者竟然……劈腿跟後空翻都出現了！

不是在看跳舞嗎？怎麼變成體操了？大概這就是查德風格吧！

在這樣的場所，一定會有另一種「不言而喻」的產業共同運作：性工作者。

前面提過，這邊的消費並不低，對當地人來說不太可能常常光臨，而客群又幾乎是以外國商務人士為主。因此，也就吸引了當地收費較高的性工作者前來。如果以舞池為中心，與入口處成對角線的地方，是一般客人用餐喝飲料的區域；靠近入口處與吧檯，則是性工作者群聚的地方。她們或者單獨前來、或者三兩出現，穿著打扮都相對入時，與街上看到的老百姓差異非常大，更像是出現在台北東區或時尚上班族，但還不到林森北路那麼的豔麗。其中一位坐在吧檯旁的性工作者，一頭及肩長髮、藍白直線條套裝，加上約五公分高的鞋子，走的則是大學生風格。她們多半點一杯飲料，拿著手機滑呀滑，等人搭訕。

根據同事的朋友的朋友的消息，在首都，性交易的價格約五千中非法郎（約台幣二百五十元）；如果是南部第二大城蒙杜（Moundou），二千中非法郎（約台幣一百元）即可成交。不過，在這邊要奉勸一下各位如果有那麼一點點躍躍欲試的看官：非洲愛滋病患者的人數占全世界愛滋病患者人數的七〇％。所以同性戀根本不是防治愛滋病的「標靶」，缺乏防疫資源、資訊所導致的不安全性行為，才是感染愛滋病的根本。

正當我一邊聽歌一邊觀察時，有個白人男性已經走到吧檯前，跟一名穿著鮮紅緊身衣與綠色熱褲的性工作者攀談。這個不是我在說，這位先生的外型實在是很像……肯德基爺爺。白頭髮、白西裝又微胖，只差沒拿根枴杖。

只見他們聊著聊著，肯德基爺爺就從口袋中拿出一疊鈔票交給女方收下！不過可能是為了培養氣氛吧，肯德基爺爺並未直接把人帶走，而是繼續在吧檯前跟女子聊天。我看了看錶，時間也不早了，起身離去。途中經過其他仍等人前來搭訕的性工作者們，想起白日在烈陽下頂著貨物叫賣的小販，還有離鄉背井到這來工作的人們……。

大家都是努力地討著生活，對吧？

是藥物是毒品？

某天送件給政府部門，離開時途經十字路口，正排隊沿著分隔島迴轉時，忽然一個身穿土黃色傳統服飾的中年男子靠近，拍擊駕駛座的車窗！表情略顯怒意，口中念念有詞。當下第一個反應就是把車門全部上鎖，接著副駕駛座上的當地同事在車內示意要他離開。

如果只是一般乞丐，知道沒希望就會轉頭離去。但這位老兄不一樣，他不但繼續待在車旁，甚至當車子啟動時，手還貼著車子想攔住我們。此刻剛好對向來車狂按喇叭，把他的吸引力轉移過去，我們就趁這個機會，加緊馬力逃離現場。

確定中年男子沒有追上來後，當地同事說：「他應該是嗑藥了。」

毒品這個玩意，並非是有錢人的專利，因為這不單單是「休閒娛樂」，更是一種「發洩解憂」的手段。是基於人性與人類社會造成的壓力，所必然產生的後果之一。因此，即便是世界最窮國家排行榜名列前茅（也是中非共同體榜首）的查德，毒品問題同樣存在，而且橫跨社會各階層。

有錢人的毒品，對台灣人來說都很熟悉，就是海洛因、安非他命等等；不過社會基層的毒品，就不得不說是很巧妙的介於法律灰色地帶。

大麻？這邊買得到，但不是它。

這玩意的查德名字叫做 Tramol，學名是 Tramadol（曲馬多）。外觀是小小的圓形藥片，各式色彩都有。相關科系的朋友應該已經知道是什麼東西了：非鴉片類止痛劑。這種藥物有去甲腎上腺素和血清張力素系統的作用，並能減輕痛感，可以減輕抑鬱症和焦慮症的痛苦。在查德，主要是用在馬的身上。

用在人身上會有什麼效果？亢奮、抵抗睡意、嗨一整天、迷幻效果，跟安非他命類似。至於副作用，則是會經常感到口渴，對水分的需求大增，甚至需要喝到跟馬一樣的分量。

然而，相較於其他藥物，這玩意最大的特色在於，你從外表根本無法分辨對方有沒有用藥。除非你跟他有所對話，才會發現他的口齒不清、思考邏輯錯亂，從而判斷他有用藥。再加上，這個藥物可以透過處方籤從藥局取得，更加快了流行的速度。

政府不是沒有意識到這個問題，然而在缺乏勒戒機構、人員與治療藥物的情況下，最多也只能把人抓去關個一兩天就放出來，毫無嚇阻效果。即使在境內有許多國際醫療團的援助，但順序上必然是以更嚴重的瘧疾、傷寒、愛滋等疾病為先，無暇他顧。

咦？那用罰錢來嚇阻呢？這方面的罰則也沒有。因為軍隊裡早已有不少人上癮，如果要以重罰來嚇阻，勢必會影響到政權基礎，導致現階段只能先睜一隻眼、閉一隻眼。甚至很有可能，軍隊裡也有人是靠這種藥丸盈利的。

儘管近年來查德政府對於處方籤的管控越來越嚴格，但對於

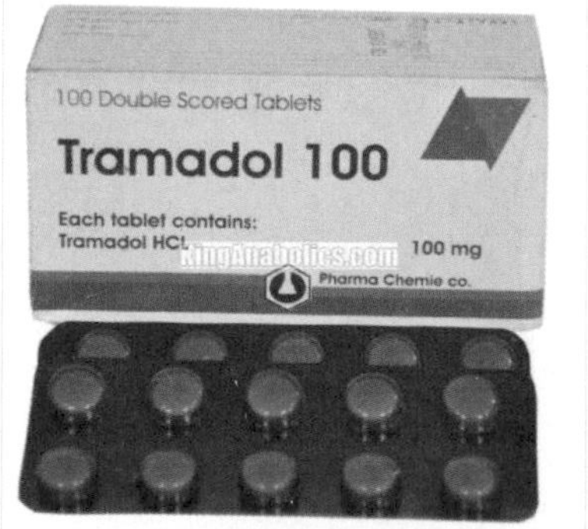

1

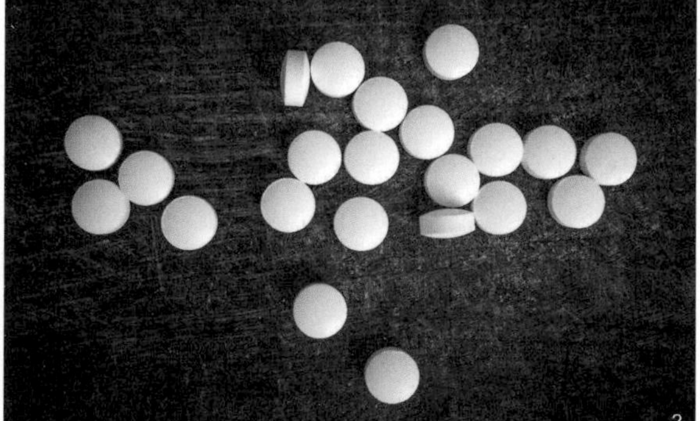
2

1. 咖啡色的 Tramadol

2. 白色的 Tramadol

走私市場卻鞭長莫及。查德的走私管道主要有二：奈及利亞邊境與查德湖區。前者是因為經濟情況相對良好許多，不只是一般貨品、毒品，甚至還輸出詐騙集團（跟台灣相互輝映，並稱東邪西毒？）；後者則是由於查德湖橫跨奈及利亞、尼日、查德和喀麥隆四國邊境，管制難度太高，容易走私之故。查德湖也因位處行政交界之處的特性，成為博科聖地的盤踞之處。

除了軍人之外，年輕人也是使用這個藥物的大宗，畢竟可以嗨一整天，很適合熬夜；不過，還有一個族群也是愛好者：伊斯蘭教徒。

伊斯蘭的教義是不准喝酒的，因此像在摩洛哥，就以薄荷茶做為替代，號稱「摩洛哥威士忌」；而查德，就有部分教徒拿這種藥當作酒的替代品。理由很簡單，喝酒會被發現有酒味，但是嗑這個藥的話，還記得之前提到的症狀嗎？「從外表是完全看不出來的。」

「可是如果從外觀完全看不出來的話，為什麼那個男的會跑過來叫囂？」

「嗯……可能是他嗑太多，也有可能是精神問題，不是嗑藥。」

最後，我不知道要怎麼買到 Tramadol，也不知道確切價錢多少（聽說不貴），這方面問題就無法回答啦。

附：博科聖地簡介

博科聖地，對台灣的讀者來說是相對陌生的，印象或許集中在「自殺炸彈」跟「擄人勒贖」這兩件事上。其實博科聖地（Boko Haram）這個名字，根據其發源地的語言，意思是「一切非伊斯蘭教的教育或讀物」，延伸為反對所有西方的事物。由於Haram這個詞彙在阿拉伯文中有「禁戒、神聖不可侵犯」等意思，中文媒體才會翻譯成「聖地」，但如果根據該組織的主張，「反對一切非伊斯蘭之物」，是比較切題的。但為了行文方便，還是暫時使用「博科聖地」這個名字。

博科聖地起源於以信奉伊斯蘭教為主的奈及利亞東北方，建立時間大約是二〇〇二年，然而直到二〇〇九年發動武裝攻擊後，才開始引起外界注意，之後幾乎每一年都會有一到數處不等的攻擊行動。由於反對一切西方事物，連參與選舉的候選人及其親屬都被視為是攻擊目標。從學校、醫院、監獄到警察總部，都被他們襲擊過。

二〇一二年，博科聖地在奈及利亞北部最大城卡諾發動連環炸彈攻擊，最終導致一八五人死亡；二〇一五年，查德湖地區的城鎮巴加被攻陷，據傳有超過二千名居民被屠殺；二〇一四年，更犯下了震驚世界的奇博克中學綁架案，一共有二七六名女學生被擄走，做為博科聖地跟政府談判的籌碼，以及洩慾工具。儘管這起事件引發全球關注，包括時任美國第一夫人蜜雪兒．歐巴馬都在推特上聲援，但奈及利亞政府的消極態度使得這些女學生持續受到凌虐，甚至遭到殺害。直到二〇一七年五月，博科聖地釋放八十二名女學生後，仍有一百多人不知其行蹤。

博科聖地之所以能這麼囂張，跟他們的策略有關，除了打著伊斯蘭極端主義的旗號吸引支持者外，也經常流竄在奈及利亞跟鄰國交界處，利用各國間的資訊整合不佳，妨礙政府軍的圍剿；另一方面，伊斯蘭國組織（ISIS）也對博科聖地提供人員訓練、資金與武裝的協助，後者更在二〇一五年時宣示效忠，改名為伊斯蘭國西非省。

然而，隨著伊斯蘭國式微、西非跟中非國家在聯合國與歐盟的主導下採取區域合作，博科聖地所占據的領地也一處處失守，目前已經退居到查德、奈及利亞、尼日與喀麥隆四國交界處的查德湖區苟延殘喘，但仍不時造成當地居民的危害，例如二〇一七年六月初，博科聖地偷襲查德駐軍，造成四十餘名成員死亡，查德方則是九人死亡。

另一方面，由於法國代表聯合國及歐盟出面整合，成立「馬利、尼日、布吉納法索、模里西斯、查德」的五國峰會，透過軍事及財務支援，共組聯合部隊來打擊下撒赫爾區域的聖戰組織，預計在下半年開始執行任務，將能進一步打擊博科聖地等恐怖主義。

最後來分享一點小八卦，雖然博科聖地口口聲聲都是伊斯蘭原旨教義，但其中一位領導人 Bulama Modu 被奈及利亞逮捕後，於審問時承認「自己看不懂《可蘭經》，也不會做朝拜」。這個恐怕也只能說，神棍是橫跨時空的普世現象啊，例如在東亞歷史上，最成功的神棍應該是太平天國的洪秀全吧？

殺價修羅場之國營手工藝品展場

購物，特別是紀念品，做為到此一遊的證明，一向是旅遊過程中，不可或缺的「行程」之一。即便如查德這等觀光發展程度甚低的國家，也不會放棄這一塊既可以增加收入、也能推廣查德文化的市場。當然，以查德的狀況來說，能兼具文化與經濟的「紀念品」，必然是手工雕塑品、部族平常就有在使用的特色配件，以及一些符合觀光客需求的藝品等等。

首都恩加美納有兩間國營的手工藝品店，一間位於「查德重慶南路」上、總統府旁，外觀是一棟綠白相間的建築物，名為「工商展覽中心」，但真正的展區是建築後方的攤位聚落，約二十攤左右；另一間則是位於使館區的國家直營店，除了一方小小的展間外，還有師傅現場製作做為賣點。

後者由於價格比較硬、定價也相對高，因此觀光客通常都是看看就走。真正的重頭戲，是在總統府隔壁的攤位聚落，打個比方，這裡可謂查德的華山藝文特區吧。還沒進到園區內，當你搭乘的車輛準備在一旁停下來時，一股奇妙的氛圍便已浮現。你打算來寶山找寶物；店家卻把你看成是深入獅群的小白兔。但究竟是小白兔還是大恐龍，就看你的殺價本領囉。

在實戰之前，先為各位看官介紹這個聚落。不知是預算有限，還是刻意展示查德的原始風光，攤位都是茅草搭起來的，平均大概三至四坪左右吧，店老闆往往會在店內角落處鋪張衣物，當成床席地而睡，因此入內參觀時，可得小心別踩到囉。

1. 國營藝品店招牌
2. 工商展覽中心後的藝品村

1. 除了匕首還有觀光客不知怎麼帶回去的長矛
2. 木雕市場
3. 隨意擺設的木雕

再者，聚落成圓形狀，不用擔心迷路，但要擔心你走不出來。為什麼呢？因為這邊的商家都非常的熱情，會一直對你叫「阿咪」、「阿咪」，這邊不是指台灣綜藝節目的音樂老師，而是法文的「朋友」。看到像我們這種黃種人，當然就是「你好」、「看看」。只要你的目光在某攤位的某商品上多停留了幾秒，店老闆立刻就會湊上來說「這好東西」、「品質好」、「朋友價」。

然後走道正中間有擺太陽能板，別撞到了……。

至於販售的物品，基本上都是大同小異。木製品如羚羊、大象、人像、犀牛、獅子等雕刻，以及拆信刀、面具。金屬製品如動物造型的紙鎮、用來防身的匕首，甚至還有長矛（誰帶得回去啊這個）；石頭製品如各類手環、項鍊，以及比較高級如翡翠石的動物雕刻；一般布畫、紙畫，以及最特別的：蝴蝶畫。

所謂蝴蝶畫，並不是描繪蝴蝶，而是整幅圖畫，都是用「蝴蝶的翅膀」，以馬賽克的方式拼貼而成，因此，一張A4大小的畫，可能會需要上百片以上的蝴蝶翅膀。

單純就藝術作品的觀點來看，蝴蝶畫的確是具有一種獨特的魅力，藉由蝴蝶翅膀的自然色澤與紋路，讓觀賞者產生一種畫作可能會在某個時刻突然飛舞的躍動感。但是，「素材」是如何取得，以及取得的過程，恐怕就是可能引起爭議的問題了。畢竟，從一般經驗推斷，當生物死去後，皮膚、臟器等部位都會迅速退化或腐敗，所以如果要以最佳狀態來當成畫的素材……

話題換回到輕鬆點的。還記得本篇文章的標題嗎？殺價修羅場。如果你是喜歡殺價的人，這邊絕對能滿足你內心的渴望，而且不用擔心語言不通：老闆會用手機按價錢給你看。

那麼，上戰場前，有那些原則要留意呢？以下提供我個人的SOP：

一、把自己調整成被人倒債、或是夭八被改成洞八的心情（當兵術語，當天晚上六點放假變成隔天早上八點），這樣自然而然會變成一張超級臭臉。

二、不要被老闆的話術影響（聽不懂法文最好），耳朵跟眼睛只要接收他開出的數字即可。

三、不要流露出很想要這個玩意的任何意思，切記這間有，別間一定也有。

四、殺價絕對不要高於三折，用原價五折買你都還虧了。

五、老闆不同意開價的話直接轉頭就走，不要留戀，他馬上就會來留人了。

以上，通稱「四不一沒有」。

好的，接下來介紹兩個實戰案例。

案例一：十二隻組大象木雕

這組大象的雕工基本上還不錯，外觀也挺可愛的，拿來收藏或當禮物都很適合。

一開始詢價，老闆開價：「一隻五千，全部算五萬。」

我：「一萬。」老闆搖頭。我轉身就走。

老闆：「四萬？三萬？兩萬五？你開個價嘛。」

我：「一萬。」繼續往外走。

老闆：「好朋友別走嘛，好啦好啦一萬就一萬。」

案例二：黑曜石手環

我：「這個怎麼算？」

老闆：「五千。」

我：「一千。」老闆搖頭，我轉身就走。

老闆立刻拉著我：「給你朋友價，四千？」我指了指手環說：「你看這邊不太ok。」

老闆：「這個不是啦！這個是因為做的時候怎樣怎樣才這樣，不是品質不好啦。」

老闆：「兩千？再高一點嘛！」

剛好想到口袋裡還有一張快爛掉的五百塊，就改口：「一千五。」

老闆：「成交。」

當然，也有殺價失敗的時候。例如某位同事看上木製的拆信刀，老闆開口：「一隻五千，八隻四萬。」

回應：「八隻五千。」老闆連留人的意思都沒有。

後來我們在隔壁店逛，老闆過來說：「一萬。」「不要，五千。」

最後我們都要走出門了，老闆追上來：「六千。」還是不要。

於是老闆真正放棄，轉身走回去。看來應該是殺破成本價囉。

想體驗殺價的快感？來這裡就對囉！而且不用擔心假貨或品質不好的問題，這邊都是真材實料的工藝品，相對來說質感比東南亞的觀光勝地要來得有保證呢！至少不會是made in China。

殺價好時機：齋戒月，因為大家都極需要錢。

1. 油畫及布團
2. 金屬手工藝品
3. 某間攤位裡的油畫

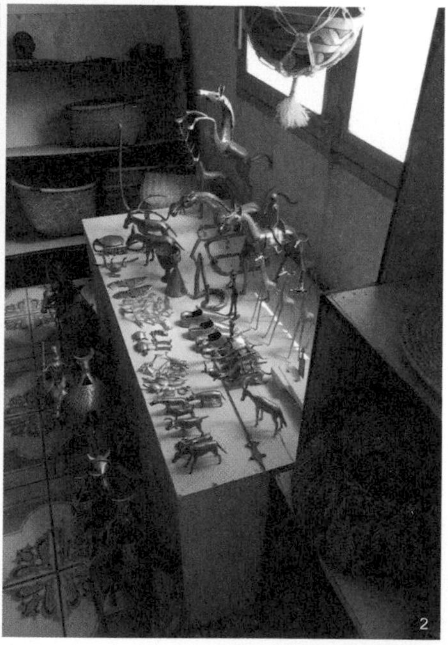

首都人潮最洶湧的中央大市集

每一個城市都會形成商業中心，越繁華的就會越多。查德首都恩加美納也不例外，由於境內伊斯蘭人口占多數，商業中心便以市內最大的清真寺為中心向外擴散，延伸成三處市集。

中央大市集除了位於大清真寺旁，也臨近外交部、中央總醫院等重要設施，因此帶來了群聚效益，就是人很多、車很多，交通常常大打結。再加上境內局勢不算穩定，以及早期發展區域必備的狹窄道路，持槍軍警每日都會有交通管制的措施，要求居民只能以徒步方式走進市集，避免恐怖分子搞自殺卡車攻擊。

某個周末，我們請當地司機帶我們到中央大市集體驗一下，由於有之前的文化經驗，有幾位同仁（包括我）都身穿傳統服飾。司機驅車來到距離最近的停車場停好車後，帶領我們從南門準備走進去，一群東方面孔的外國人自然引起不少當地人的注意，由於有著傳統服飾的加持，一開始狐疑的眼光，很快就變成讚許跟肯定的笑容，不停地對我們比大拇指說「蹦」、「蹦」（bon，法文的讚）。但是幾乎每個人都把我們當成中國人，只好一路澄清說「我們是台灣人啦」，順便介紹一下台灣，做國民外交。

除了看到我們身上的傳統服飾而微笑以對之外，做為客人的我們，當然也意味著生意上門，不過中央大市集的商家跟外面的商家不同之處，在於比較沒有那麼積極的拉生意。或許是天氣太熱、

1. 準備前往中央大市集的路人
2. 中央大市集一角

或許是人潮本來就不少，總之就是一副等人自動上門的樣子，當然這樣對我們而言是比較輕鬆啦。

走進去後一開始是雜貨區塊，從牙膏到手機，全都擠在同一個攤位上賣，雖然範圍不小，但各攤位的商品同質性實在太高，所以沒什麼好特別逛的；接著司機帶我們拐進一處廊道，室內的陰暗帶來一點涼意，然而不太通風的環境由體味、汗味與架上陳列許久的商品味共同融合成一種悶躁的氣息，霎時間讓人聯想起這個國家的過去與現在，加之霓虹燈管映照在白色衣物上的螢光色澤，除了魔幻，還是魔幻。

步出廊道，是生鮮肉品街。牛肉、駱駝肉、羊肉等都大塊大塊地放在攤位上任君選購，可是，這裡不是史特拉斯堡，這裡是查德。這句話的具體表現，在於肉塊上簡直可以用「布滿」蒼蠅來形容，密密麻麻的黑點，多到當地人根本見怪不怪，也懶得驅趕；但看在我們外地人的眼裡，只能說謝謝再聯絡，趕緊往下一站出發。

衣物與地毯區的人潮明顯少了些，向其中一位攤販打聽價格，一件可以當作睡衣穿的薄長衫要價六千中非法郎（約台幣三百元），似乎是還不錯的選擇，可別忘了再殺殺看價格；地毯店的老闆看到我們倒是非常的新奇，不但用夾雜阿拉伯文的法文跟我們、還有司機有說有笑，對於拍照的要求也是來者不拒。查德人因為歷史緣故，對於拍照這種事情，特別是跟外國人合照，非常的敏感，除非是熟識的朋友。因此像這樣初次見面就大方合照，滿少見的。例如我曾詢問另一個女老闆是否能夠照相，她就把我趕走了。

再往前走，是一處開放的二層樓建築，裡面賣的都是貴金屬等飾品。由於單價高，客群更稀少，商家大部分都懶洋洋地躺在地毯上休息或聊天，看到我們來了，也只是做個手勢表示隨便看看，只有少數一兩間比較積極地推銷。並沒有為了生意搶破頭的競爭狀況，大概是做成一筆生意就可以撐一陣子，不像其他例如賣花生的小販，每天都要有一定業績才能溫飽。

整座中央大市集的格局是相當方正的，各區塊各有指定的商品類型，並以廊道區隔，出入口也依東西南北的方位各有二至三個。除了這些區塊外，沿著中央大市場的建築外圍，也聚集著兜售香料、果實，甚至柴薪等各種商品的小販。若不是有些商家擺放著現代化的音響或電子產品，看著古老的建築、傳統的服飾，真的讓人有置身於昔日法國殖民時代，甚至更早之前的恍惚感。儘管如此，還是很難把這裡當成一般觀光地點，因為做為首都少數的人潮擁擠之處，往往是恐怖分子攻擊的首選目標；甚至在二〇〇八年的政變期間，就發生過政府軍為了驅趕反政府軍，往這裡發射飛彈的前例。

不管如何，這裡有著查德的生命力，興盛的商業行為，就是這個國家努力地持續發展的最好表徵。

1. 和地毯店老闆合影
2. 大市集內一景
3. 五顏六色的當地服飾

水電是門好生意

經商是人類社會歷史相當久遠的經濟活動，早在古埃及的時代就有貿易行為；而中國在商朝時期，據說就是因為商朝的人很會做生意，所以就把善於做生意之人，稱為商人。可見不論是古今中外，商業行為是共同的現象。

查德的商業行為，跟發展中國家或已開發國家的不同之處，在於服務業種類跟數量的缺乏。無論是城市地區還是鄉村地區，「個體戶」都是主流模式，也就是開一間小商店，自己就是老闆；比較高檔一點的餐廳，則是外國老闆聘用當地員工；規模最大的兩間電信業，則是國營的，而且沒有分處所，只會把預付卡批給小販在外頭賣。

不過在這種情況之下，倒是有一種生意欣欣向榮：水電維修業。

從統計數字來看，查德只有首都恩加美納，有稍微像樣的基礎建設，其他鄉村地區都還是過著騎驢趕集的生活。但正因為「稍微像樣」這四個字，造就了水電維修業的必要性與前景。

因為，這裡的水電產品實在太容易壞掉了。

照理說，查德本身並不具備製造冷氣、熱水器或是電腦等產品的產業，從國外進口，是必然的現象，所以理論上，品質應該是還不錯吧？這種想法某種程度正確，也某種程度錯誤。如果跟「查德製造」比起來，是對的；但「國外進口」等於品質保證？那就不一定了。

經過多方留意觀察，你會發現，查德人所使用的同一種電器（例如冷氣），品牌是百百種，從西屋、惠而浦，到沒聽過的中國品牌，什麼都有。而當地又只有一間LG（至少就我所知）原廠的經銷商，於是出了事情，幾乎不會有原廠人員來幫你維修。這是促成水電維修業發展的一項因素。

另一項因素，就是基礎建設的問題。查德有國營的自來水公司跟電力公司，但因經濟問題，水是還好，電真的是三不五時就斷一下。斷電的原因有很多種，我自己遇過的，就有「因為電力公司沒錢付給煉油廠，所以煉油廠不爽出貨，沒有油可以發電，所以就斷電囉」；或者是「電線因為天氣太乾，外層的橡膠龜裂，輸電時跟靜電結合導致爆炸，造成區域性全面停電」；又或者是「配電系統沒處理好，一個下午跳三次電」等等。

不過，自來水的情況也好不到哪裡去，查德有個特產叫做沙塵暴。每一次出現時，整個天空就是灰濛濛的一片，走在外頭，呼吸時都感覺彷彿隔著一層面紗，讓胸口悶悶的，鼻涕也會大量生產，讓面紙用量暴增。沙塵暴過去之後，浴室的水龍頭打開都要先等個一分鐘，讓沙子流乾淨；蓮蓬頭更是要拆下來甩一甩，不然會因為被沙子卡住，水根本流不出來。

於是，綜合以上的自然條件跟人為因素，凡是稍微有一點經濟基礎的家庭或公司行號，一定會準備幾件神器：穩壓器、不斷電系統跟柴油發電機。特別是後者，隨著頻繁的需求，還進化成加裝自動轉接系統，當你辦公到一半，忽然「啵」的一聲，燈光熄滅，殺手降……不好意思跑錯棚，這邊不是在聊「天黑請閉眼」，冷氣嘟囉囉地歸於平靜時，過個兩三秒，不遠處的發電機就會轟隆隆地上工，天地又重回了光明。另外，對於桌上型電腦而言，穩壓器跟不斷電系統更是有著保命神符的稱號。畢竟大家都很清楚，這種斷電對主機真的很傷，來個幾次，就可以準備重買一台新的了。

因為供電不穩，電器也經常故障；常常故障，就需要有人常常來修。在查德，水電是門好生意。不少公司行號會選擇與水電工簽約，以便隨傳隨到。這邊幫各位介紹一位合作夥伴：索羅門。

不過一來他不是台灣水電工阿賢，沒有健壯的身材；二來他也不是查德水電工，他是奈及利亞人。

這位索羅門先生除了自己是水電工外，也開了一間水電行，擁有幾名學徒。由於故障次數實在太頻繁，所以合作的模式不是依次計價，而是包月無限次服務，採取固定人工費與配件更換費的計價方式。

俗話說「久病成良醫」，索羅門先生長期在這種環境下執業，早已練成從蓮蓬頭沒水到壓縮機故障都能處理的全方面功夫。只是偶爾會感覺說沒那麼可靠，常常修個一次沒多久又故障，或是修個冰箱要拖三天。

某一次跟他閒聊，我問他為什麼會來查德工作？他說也沒有特別原因，或許是查德這邊水電維修比較好做，畢竟競爭對手不像奈及利亞這麼多。可是索羅門的法文不太好，查德不是都說法文嗎？他說英文也可以溝通啦，特別是外商外資公司，除非是法國籍的，不然日常用語也是英文為主。

「會想家嗎？」

「會啊，我大概兩三個禮拜回去一次，還好查德跟奈及利亞就在隔壁而已。」

另一次，同事跟索羅門喝酒聊天，不知為何聊著聊著就聊到了另一半。據說索羅門很得意地拿出手機，跟同事們炫耀他的女朋友——「又正又辣」。這是同事的感想，由於我沒看過，所以也無從證實囉。

1. 忽大忽小忽沒有的自來水
2. 公司行號及有錢人家必備之發電機
3. 與公司警衛合照，後面就是水塔與幫浦
4. 正在修冷氣的水電工索羅門

小吃部考察（一）

周末午後，應當地工作同仁的邀請，我們離開了所處的使館區與外資區，驅車前往首都另一側，在地人生活的區域。從邀請函看來，我們要前往一間新開幕的商店，可能是該同仁認識的朋友所經營，去捧捧場，也見識見識。

由於途中經過總統府，路況算是非常好。所謂的非常好，是指有柏油路面，畢竟在這個國家，直到二〇〇四年，全國公路總長度也只有五百五十公里，而全國總面積約一二八萬平方公里。對照台灣總面積約三萬六千平方公里，二〇〇四年全國公路總長度三萬七千公里（二〇一五年則提升到近四萬二千公里）。

用數據來看可能體會不深，這邊準備了幾張很小心才取得的相片（這是另一個值得獨立成篇章的故事），簡單來說，即使是首都圈，除幾條鋪有柏油的主要幹道之外，就是泥土路，沒有平整過的泥土路，車開在上面讓你不用跑去荒郊野外也可以體會越野快感的泥土路⋯⋯。

平常時候還好，頂多有風時打幾個噴嚏，但萬一遇到雨季，立刻就變成泥濘沼澤；如果是沙塵暴來了，更是有如主人迎接客人一樣，共譜藏馬的風華圓舞曲⋯⋯有人知道藏馬是誰嗎？唉，時代的眼淚。

好的，約莫開了十到十五分鐘，我們轉進一條巷弄，這裡的柏油路已經有點破爛；再往左轉進一條小路，立刻變成越野賽道，上上下下，顛簸不已，但也就在這一瞬間，眼前突然出現一組樂團

1. 直通總統府的示範柏油大道
2. 首都圈內當地平民住宅區

器具跟小舞台！在兩旁的低矮土黃民宅映襯下，舞台旁有一間看起來剛粉刷完成的飲食店，門口聚集不少人在聊天喝飲料。

正當我們還在懷疑是不是這裡時，當地司機傑洛轉過頭來，帶著親切又肯定的微笑，彷彿看穿我們的疑惑般說著：「我們到囉。」然後他就自己打開門跳下車，當我們打開車門的一瞬間，在場所有人的目光立刻集中到我們身上，畢竟這裡不是外國人會出現的區域，更何況一次還來了三四個！

可是，可是，更緊張的是我們啊……畢竟出發前、抵達後，一再被提醒治安不好、不要隨意出門、別落單，而且會莫名其妙被軍人攔下來，再加上現在也沒邦交了，萬一出事，真的是求救無門啊。但來都來了，而且還有在地人帶領，就當作接受注目禮吧。

公路總長度資料來源：
歐盟駐查德代表團二〇〇四年報告
台灣交通部統計數據

小吃部考察（二）

面帶微笑，口中問好，是在異鄉不變的起手式。我們一行人走進剛粉刷完的小吃部，眼前是一幅令人懷念的光景：店裡約十坪左右的空間，散落著幾組二手回收的營業用黑色合成皮沙發與板凳，由於只有前後門，採光較差，因此儘管外頭陽光正熱，室內倒是有著幾許夜店的氛圍。其中一個角落已有幾人聚在一起聊天，感覺似乎過了一兩巡；傑洛跟服務生講個幾句後，服務生便過來幫我們喬出另一個角落的空間。

空氣悶悶的，但還是比外頭炙熱來得好。我稍微看了一下周遭，櫃檯雖然也是位於門口處，但特殊的地方在於它是用一個小房間隔出來的，比照當鋪般用鐵條構成防護措施，想必是要因應被打劫的狀況。沒有菜單，直接跟服務生說要喝什麼飲料，於是請傑洛推薦當地最受歡迎的啤酒：Gala 跟 33；不喝酒的，則是點全球都有的可口可樂與芬達汽水。

這裡的飲料是以當地價格計算，酒精和非酒精都是同一價碼，一瓶一千中非法郎，換算成台幣約五十元，分量也比台灣稍大，約五百毫升。跟傑洛喝個幾杯後，今天的主揪萊娜就出現了。萊娜的來頭可不小，光是登場時的打扮，就是不折不扣的貴婦，由於出身當地，整間屋子的人她幾乎都認識。一會兒拉過來一個留雷鬼頭的男子，介紹說那個人是藝術家，也是店的合夥人之一；一會兒又從門外拉了兩個年輕人進來一起坐，一問之下，果然也是親戚。

既然來了新朋友，那就聊吧。聊什麼？亂聊囉，反正兩邊的法文都普普通通，聽不聽得懂也不

1. 小吃店一景
2. 查德常見的二款啤酒
3. 聽說健腸胃的果實

1

2

是那麼重要，每隔三五句就來個「親親」（乾杯的意思），氣氛自然就嗨了。

此時我注意到穿著紅色 T-Shirt 服務生的背後，似乎有繁體中文的字樣。仔細一看……台東鐵人三項？萊娜注意到我的樣子，笑著說這是她之前從台灣帶回來的。在這裡看到，真是倍感親切。

之前提到，能夠在外商外資企業工作的當地人，一定都是受過高等教育，至少會流利的法文跟能溝通的英文。由於國民教育並不普及，根據二〇一三年的資料，年齡五至十四歲的小孩上學的比率低於三九％，這點與同齡人口就業率高達五三％有關；僅三三％人口受過高等教育。因此像萊娜這樣的例子不會是個案，而是有著家族優勢。據悉，她的妹妹家族方面，傳出有可能擔任石油部長的呼聲。在一個以石油為主要出口品的國家，石油部長無疑是一人之下，萬人之上的重要職位。

另一方面，現在正跟我喝酒的兩位男性親戚，社經地位可能就沒有那麼顯赫。這一點可以從他們的法文程度窺見端倪。法文之於查德，就好比北京話之於台灣，都是正在進行

中的殖民者的語言。法國雖然僅殖民查德約四十年左右，但仍持續保有非常強大的影響力，在利比亞武裝協助北方部落南進期間，最後是靠著法國政府的軍事援助，查德政府才得以維持國家的統一與完整。加上做為全世界低度發展前五名的國家，從基礎建設到國防裝備，歐洲與法國都扮演著重要角色。

因此，查德菁英的第一件事情，就是學好法文，才能跟殖民者溝通，進而獲得認可。菁英們透過家族的資產，弱一點的到布吉納法索、喀麥隆等相對進步的非洲國家接受高等教育；條件更好的就直接送到法國巴黎、美國密西根等。從這點來看，國民政府遷台後的台灣菁英，不也有著同樣的過去？但查德政府似乎沒有用掛狗牌或罰錢來強制人民說法文就是了。

在查德，語言就代表著階級。

隨著閒聊，酒也喝了一半，此時有個年約十歲左右的小孩，拿著一盤貨物進來兜售。塑膠盤上擺了兩個罐子，裝著拆封過的包裝糖果，一顆一顆賣。不過吸引我注意的，是罐子旁的幾顆紅色果實。試著用法文詢問一下，無法溝通，此時同桌的友人看到後，倒是大力推薦說這是好東西。好在哪？據他說，這玩意叫做「扣拉」，是當地的果實，配著啤酒喝，不但健胃整腸還可以緩解頭痛。

既然是好東西，那就來試試看吧，我拿起已經剖半的果實，往嘴巴裡塞。一咬下去，媽呀怎麼這——麼硬，門牙差點斷了，趕緊喬到臼齒的部位，嚼碎之後，完全沒有味道，跟啃木頭一樣，還越啃越澀……。想起要配啤酒喝這件事情，拿起酒瓶灌了一口……嗯，味道還是一樣沒有改變。

看著我的臉，新認識的朋友倒是笑得很開心，也順手拿起另外半顆往嘴裡塞。反正既來之則安之，就再來個「親親」吧！語言雖然不怎麼通，但笑容都是真誠的。

四十七度的熱

提到非洲，一般人下意識的直覺就是，很熱。這個直覺是正確的，但是，赤道從中而過、南北緯度橫跨約72度（南自34度49分；北至37度21分）、占地面積高達三千萬平方公里的非洲大陸，氣候自然有相當多的變化，例如北邊摩洛哥、埃及的地中海型氣候、以撒哈拉沙漠為核心的熱帶沙漠氣候與亞熱帶沙漠氣候、以剛果盆地為中心的熱帶雨林氣候及其邊緣的熱帶草原氣候……。

不過舉了這麼多例子，應該有注意到一個共通點：熱帶。

是的，不管你在非洲的哪裡，一年四季只要有太陽的地方，就是熱，而且是非常非常的熱，真的會熱到你耍耍的那種。這一次要跟大家分享的，就是被譽為「非洲死亡之心」的查德，是怎麼個熱法。不過在進入正題之前，先解釋一下，「非洲死亡之心」的稱號，一方面是因為查德國土大部分都是沙漠，生存不易；二方面是這個國家建國以來就一天到晚內戰；三方面是因為內戰導致經濟不好，於是醫療條件也不佳，瘧疾等疾病致死率高，再加上剛好又地處非洲中心位置，才有了這個很嚇人的稱號。

一般來說，查德只有兩個季節：乾季跟雨季。乾季從十一月底到隔年五月底；另一半的日子都是雨季。由於雨會帶來溫度的降低，因此雖然是七、八月的酷熱時段，平均溫度反倒沒有最熱的四、五月高。那麼，四、五月的氣溫有多高呢？均溫43度，最高溫可達47度。

光看數字可能比較不好想像，我這邊舉個例子：中午的時候，你打開水龍頭，流出來的一定是

1. 豔陽下的小販
2. 在傘下、樹蔭下擺設的攤位
3. 幾乎無人的午後街景

人體溫度等級的熱水。沒錯，因為水塔跟管線都被太陽曬得發燙，流經裡頭的水也自動加溫了。所以當熱水器故障的時候，挑中午洗澡就對了。

那麼接下來就要帶大家進入47度的世界，準備好了嗎？

一開始，我們身處冷氣房中，穿著長袖長褲（怕被蚊蟲咬，還有防曬），逐步往門外前進。在門口時，赫然發覺門與牆是一道脆弱的結界，隱隱有股熱氣徘徊在外，隨時打算入侵。當我拉下把手，推開門往外踏出第一步後，一股炙熱的空氣瞬間接收我的五官跟皮膚感覺。我不會用熱「浪」來形容，因為查德氣候乾燥，毫無「浪」可言。當我想將門關上時，觸碰到另一面的把手讓人大吃一驚，金屬製

3

的表面已經燙到彷彿可以煎蛋了。

鄰近雨季的五月，偶爾還會有陣風吹過，雖然是焚風等級，至少還能讓身體感覺到四周的變化。若是將時間再往前調一些，來到四月底的階段，更是一種萬籟俱寂、萬物皆止，宛若涅槃般永恆的靜謐。如果你的周遭恰巧不是交通要道，少了交通工具的聲響，死寂就是唯一的高音。

高音來自於內在，這股熱氣深入我的四肢百骸，將我體內的水分轉化為蒸汽，逐漸暫停各項器官的功能。於是腳步開始放慢、頭不自覺地低下、頭腦已成一片空蕩的軀殼，最後，做為靈魂的存在，一點一點地被逼出身體，望著這幅肉身在豔陽下佇立……。

這真的一點都不誇張。查德的乾熱，是強悍到早上把床單丟進去洗衣機洗，拿到太陽下曬兩三個小時就內外乾透透的等級；往地上灑點水，只見到表面顏色稍微深一點點，便開始淡回去。除了蜥蜴趴趴走之外，所有的生物都屈服於炙熱的陽光，紛紛尋找陰影處避難。

在台灣時，遇到炎熱的氣候，往往會笑說水滴在柏油路面上瞬間就「茲～」的蒸發了；但是在查德，特別是沒風的日子，你連「茲～」的聲音都聽不見，因為連聲音跟你的聽覺都被蒸發掉了，真心不騙。

以前唸書時，看到孟德斯鳩在《論法的精神》裡，用自然氣候跟地理條件來區分人種，指出「熱帶的人民比寒帶的人民在風俗習慣上有所差異而勞動較差」，當時只覺得「你在唬爛什麼啦！」現在自己親身體驗了查德的熱，只能雙膝一跪說孟德大人我錯了！（曹操：不要跪錯人謝謝）。這種乾燥氣候的熱法，會讓人全身進入一種慵懶而喪失行動力的狀態，只想找個遮陽的地方或坐或趴，靜靜等著太陽下山——而這正是查德街頭的日常景象。

之前曾經提到，小販們都會在路旁的人行道、圓環處陳列商品叫賣，但是在太陽最烈的下午時分，呈現的景象是一幅有趣的「路上無車無人」，只看到商品靜悄悄地擺在地上，而老闆跑到對街有樹蔭的地方避暑。至於那些商品如熱水器、熨斗之類的不會曬到壞掉嗎？在這之前賣出去就可以囉。

常常有人說台灣的濕熱像是在溫泉裡游泳，十分難受；查德的乾熱則是不會讓人覺得難受，反倒是跟電影或小說情節中，登山時被大雪困住，逐漸失溫的狀態有種極端對比的類似：生命如水分般一點一滴地從內蒸發，蒸發的過程中一併帶走了力氣、思緒、意志，成為一尊偶像；繼續經過高溫的曝曬，從皮膚組織到神經系統都完全的乾涸，漸漸變成一座沙雕，最後被覓食的蜥蜴不經意地輕觸，龐大的軀體分解為一顆顆極細的砂礫，與地上的塵土融為一體，彷彿不曾存在世間。

最後用一句話來總結查德的47度高溫，就是，真的很熱。

1. 躲在陰涼處休息的大人小孩
2. 鄉下市集，居民在樹蔭下休息或販賣小吃

來一趟公路之旅吧

首先請你閉上眼，想像在一片廣闊無垠蒼茫大地，樹群忽而三三兩兩、忽而數十上百地散落在眼前，或綠或黃、高矮不一。在豔陽的照射下，遠方的景物與你之間彷彿籠罩著一片舞動的透明布幕，讓那些山啊、空氣啊，隨著節奏上下搖曳著。偶爾會看見駱駝群棲息在樹蔭之下，勾起一隻腳靜止不動的樣貌，就如入定的老僧，靜待開悟的片刻。馳騁在唯一的道路上，前方看不見終點，一個彼岸後又是一個彼岸，此時你再也忍不住，打開車窗將頭探出，引吭高歌那首可說是象徵著青春時期的流行歌曲……。

好的，請把眼睛睜開。剛剛的景象，基本上是出現在美國或歐洲的公路電影，可是我們在查德喔。如果你要在查德來一趟公路之旅，會發生什麼事呢？讓我娓娓道來吧！

首先要有一個認知，就是在查德只有兩種旅遊方式：坐飛機跟開車。咦？鐵路呢？沒有。查德是一個沒有鐵路建設的國家，自然也沒有所謂的火車站。如果要運送貨物，就是豐田皮卡跟大貨車。進口流程通常是貨櫃搭船抵達喀麥隆的港口杜阿拉，或經鐵路運送到離查德最近的車站，再由貨車運送；或直接開兩千公里的車送到首都恩加美納。這就是為什麼，超市裡面的商品通常保存期限都剩不到一半的原因。至於期限較短的生鮮之類的貨品，就是直接用飛機運過來。

再說呢，公路電影一定有一個經典橋段，就是一路奔馳，享受陽光的溫暖跟涼風的吹拂。然而在查德，基本上，即使是適合出遊的冬季，也就是一、二月左右，白天氣溫還是可以高到三十幾

1

度，至於雨季前的四、五月，更是會飆高到四十五度上下。太陽曬下來跟火烤一樣就不用說了，就算有風吹過來，如果以台灣的標準來看，親愛的，那叫做焚風。

一邊被太陽烤，一邊又被焚風吹，請問你是想角色扮演什麼頂級熟成肋眼牛排嗎？我是比較想扮成魯夫負責吃啦。

那麼，享受奔馳的快感呢？不好意思喔，基本上來講，在查德開公路的話，你可能會被下列四個主要因素影響你的速度：

第一個是道路品質。

前面提到，這是一個沒有鐵路的國家，因為太窮。鐵路蓋不起，公路當然也好不到哪裡去，實際上，查德的公路很大一部分是靠外國援助蓋起來的。當年台灣跟查德還有邦交的時候，也曾幫忙蓋一座「友誼橋」，連結恩加美納跟周遭地區的交通。公路靠別人興建，就

2

算查德政府只負責維護，也是很吃力的，因此明明是開在柏油路上，卻有著越野賽的快感。打個比方，如果日本的道路給一百分，那台灣的大概是六十分，而查德是二十分。

二十分是怎樣的狀況？柏油路面上不只是裂縫，而是一個一個坑洞，可以直接看到下面的泥土碎石。由於一而再、再而三的被車輛碾壓過去（這邊要特別感謝巨無霸型貨車，已經不是用超載可以形容的了），導致從一開始的裂縫，變成小洞，再變成大洞。高低落差可以達六公分以上，試想如果你是用時速八十開過去……保證翻車啊。所以從另一個角度來說，這種道路品質反而成為絕佳的減速器。有幾次我們的車子來不及繞過去，只好減速硬碰硬。

那種感受喔，有如飛機亂流。還是連續不斷的飛機亂流。

第二個是龍捲風。可能是因為地形與氣候影響，有時候往往就一個氣旋拔地而起，捲起塵土形成黃色的龍捲風亂跑，有些比較靠近公路、甚至直接橫過公路，車輛遇到這種情況，當然也是只有減速，甚至停車稍候的分。

查德的風沙一向不小，若是遇到龍捲風，便會夾帶著落葉、沙土，強一點的還有小石塊，當這樣的組成往你靠近時，簡直就像一個拿著無形繩索、不停轉著石頭的巨漢迎面走來，能不閃人嗎？總不能以為自己在演綠野仙蹤，直接衝進去看會不會開啟支線劇情吧？我是比較確定你會開出一個叫做投胎的副本啦。

第三個是親愛的動物們，諸如牛、羊、驢子、駱駝等。公路是串連各地的主要幹道，當初興建時也是選擇最能連結各村落的路線，因此不時會看到放牧者騎著驢子或牽著駱駝、引導牛羊等沿著公路行進去市集或返家。小時候的一首兒歌，因為台灣的社會經濟發展已經脫離歌詞的描述，總讓人聽起來覺得有點距離感：

3

我有一隻小毛驢，我從來也不騎。
有一天我心血來潮，騎著去趕集。
我手裡拿著小皮鞭，心裡正得意。
不知怎麼嘩啦啦啦，摔了一身泥。

但是在查德，天天都在真實上演。

第四個就是檢查哨與收費站。這是一個動盪的國家，首都街上隨時可見到軍人跟警察巡邏，總統府前更是二十四小時有憲兵手持上膛的AK47步槍，站在崗哨內用槍管瞄準外頭狀況。

由於國土廣大，首都的重兵不可能如法炮製在鄉村地區重現，因此最有效益的做法，就是一村莊一檢查哨與布下路障。路障長什麼樣子呢？三、四個三角錐跟輪胎把路擋住，軍人在一旁的樹蔭下等待來車。當車輛停下後，軍人就會上來問說你從哪來，要去哪裡，接著檢查證件。

試想一下，你從內湖到淡水、鹿港到斗六，或永康到小港要提供旅行證明文件？查德就是這樣的國家。

另一個是收費站，過路一次收取五百中非法郎（約台幣二十五元），絕大部分都還是跟檢查哨一樣簡陋，人工收費。一直要到中南方的城鎮比特金，才因為最近做為示範城鎮，有錢可以鋪設柏油路跟路燈，以及比較現代化的收費亭。

以上二者都有一個共通點：會不會被攔、被收費，端看檢查者的心情。有時候天氣太熱、晚上太暗，檢查者可能連離開座位都懶，手直接舉起來揮一揮，示意你可以走了。

最後要提醒的是，這些都是沿著「有鋪柏油」的公路上會發生的事情喔！很多時候你會發現車開一開，柏油就不見了（沒錢嘛），切換成越野賽模式。

歡迎來查德進行一趟公路之旅！

1. 超越台灣的柏油路
2. 從車內看出去的景象
3. 駱駝逛大街
4. 帶領駱駝群的小男孩
5. 開兩個小時就變成這樣

5

三方喬房租

查德近年來雖然經濟有所發展，但市中心的景觀仍舊離高樓成群的景象甚遠，除了幾棟銀行或電信大樓外，要稱得上是豪華的建築，就是昔日的殖民者或政要所居住的別墅了。直到今天，這些政要多半將別墅出租給有需要的單位或個人，自己當起房東當作穩定的職業。

舉例來說，包括樂施會、紅十字會、無國界醫生等非政府組織，或是外資外商等，都會租下這些別墅當作辦公室與宿舍使用。更高階一點的單位，例如美國、俄羅斯大使館，則是自己依照需求蓋房舍；此外，如果是涉及到國家重點經濟的石油業，查德政府更願意無償提供土地做為建設廠區與宿舍之用。

儘管別墅區的房子以台灣人的眼光看來，大約是火車站旁傳統小旅社的感覺，再加上動不動就跳個電，環境實在稱不上好，但是跟一般查德人民的生活條件比起來，光是有冷氣，就已經算是相當優渥了。

既然是租房子，那麼繳房租就是一定要的。查德這邊跟台灣情況類似的地方，在於同樣有「二房東」。向大房東承租房子後，再轉一手租給房客。這一次的故事，就是在這種情況下發生的。

某天，同仁請我去開個會。在會議正式開始之前，先幫我補了一下脈絡。原來因為公司是跟二房東承租，但二房東營運狀況不佳，有跑路的可能，因此大房東擔心應該收的租金，會被吞掉，因此前來商討；而公司的立場，也因為二房東手裡還握有當初簽約時的押金，約四百八十萬中非法郎

（約二十四萬台幣），所以希望盡可能的多爭取一些成果。再加上六月底因為要搬遷、終止合約，所以更增加了二房東擺爛閃人的可能性。

推開會議室門一看，大房東跟二房東都已經到了。前者是軍事世家，一身白色傳統服飾，據說是將軍的後代，目前負責處理房產相關問題；後者則是印度人，西裝筆挺，但感覺有點流裡流氣。三方起身握手致意之後，各自入座。

既然做為東道主，自然是由我先開口：「首先很感謝大家能夠出席，今天最重要的目的，當然就是找到一個讓大家都能夠滿意的方案。畢竟做生意最重要的就是信用。如果可以的話，我們也希望不用走到法律或其他的途徑，我們公司在這邊耕耘很久，結交了許多好朋友，當然希望能夠由我們三邊討論出一個結果是最好的。」

由於二房東之前為了避免被討債，已經有跟妹妹唱雙簧的紀錄，也就是都由妹妹出面交涉，但沒有獲得授權，就算簽署的什麼文件也都無效，用這種方式來規避責任。因此利用這一次本人在場的機會，立刻先來個下馬威。

大房東一聽，立刻就表示：「哎呀！大家都是好朋友嘛，能好好談就好好談，今天來到這裡就是希望能解決問題嘛。」

二房東惦惦不說話。

我：「我們也是這麼認為，我們也知道二房東最近比較困難，因此希望你能提供一份比較具體的押金償還計畫，這樣我們也比較好跟長官報告。」

二房東：「還款計畫……就是按照合約上面走，你們要相信我的誠意，我——」

大房東：「等等，翻譯成阿拉伯文給我聽，我聽不懂英文。」

（以下對話省略翻譯過程，二房東施展完約五分鐘的「相信我」之術，沒有造成任何效果。）

二房東：「還款計畫是什麼？」

我：「就是你打算怎麼樣具體的返還押金，舉個例子來講，就像將軍出去打仗，總不能只跟總統說：『我一定會打贏。』而是要跟總統報告，大約在什麼時候要推進到什麼地方、什麼時候預計要拿下什麼城鎮這樣。」

大房東：「喔喔你內行的喔。」

二房東：「請相信我的誠意……」

大房東：「根據我對這個傢伙的了解，他應該是還不出錢的啦。我們這邊也需要這筆房租來支付小孩的學費等開銷，而且阿拉伯有一句諺語：『重病的人沒辦法跑步。』想要一口氣把押金全部拿回來，不太可能。」

我：「很有可能是這樣，但我們希望能在大房東的權益不受損的情況下，也能夠保障到我們的權益。」

二房東：「等等，根據原本的合約，你們臨時說要在六月底終止合約，這是違約的行為。租約是簽到今年年初，根據合約條款，沒有事前表示終止的意思，就視為自動續約一年，所以我們的現況等於已經延約了，如果你們因為六月要搬家，必須提前解約的話，也要重新訂立新約啊！」

果然不出所料，根據事前的沙盤推演，二房東一定會搬出這一條，做為緩兵之計，甚至是利用訂定新約的過程中，針對押金部分討價還價。如果讓他得逞，事情就會越來越大條。大房東聽完這段話後，臉上也露出了憂心的表情。

還好，我方早有準備。

我：「您說的沒錯，但是請翻到合約下一頁，關於終止合約的規定。上面寫著，承租方如果要終止合約，得隨時以書面向出租方表達解約之意。因此，延續您剛剛的說法，這份合約的狀態的確是在今年年初自動續約一年，但我方也根據合約條款，不是隨時表示解約，更是提前了至少兩個月表達解約意思。所以說，我方的主張是完全沒有問題的。」

二房東：「……」

我：「既然這個部分的程序沒有問題，那麼我方的希望主要有兩項：第一，押金能夠先部分採用分期償還，這樣既不會對二房東造成太大的負擔；我方也能夠多安心一些。第二，為了保障三方的權益，之後我方在付房租時，請大房東跟二房東一起來收，並且由二房東當面轉交給大房東。」

我：「另外一個部分，之前曾經試行過押金從房租裡扣除的做法，三方都能接受，那麼我方希望能提高扣除的額度，從現行的五十萬中非法郎（約兩萬五千台幣）提高到六十萬

與當地律師合影

（約三萬台幣）中非法郎，這樣可以嗎？接著根據合約規定，請在合約終止後的一個月內，將剩餘的所有押金返還完畢。」

二房東：「……好吧。」

我：「如果大家都沒有問題的話，我們立刻就來簽署三方聲明的協議，下周會請會計準備好現金，直接交付。」

大房東：「沒問題。」

二房東：「……好。」

最後，三方互相握手致意。我們送客至門口。臨走前，二房東回頭問說：「關於合約，你手上這份能給我參考嗎？」

我：「這個比較不方便，這是我們的存檔，再說，您那邊應該也有一份才對吧？」

二房東見狀，也無法再多說什麼，只好離去。二房東的這個舉動，不外乎是要拿「我方的這一份合約」回去研究，一方面看是不是有條文上可以翻盤的空間，甚至是進一步爭執雙方合約有落差的可能。

其實呢，真正的關鍵在於二房東沒有把合約看清楚，導致想延長戰線的目的完全落空，就算把合約拿回去翻到爛掉，也不會有任何改變。對於我方來說，不讓出合約，也是免得有出現另一場爛仗戰場的可能。

總而言之，從原本一開始擔心被倒債、完全拿不回押金，到最後還能多爭取到十萬中非法郎的回收，也算是不無小補囉。不管在哪個國家，真的都要了解一定的法律知識，才能夠保護自己啊！

從小七到好市多的綜合超市

逛超市，其實是一件非常有意思的事情，除了能夠滿足花費不高的消費欲（一般情況下啦，也是有人能夠逛超商逛到像爆買團一樣），也可以觀察到一個地區實際的消費樣態甚至生活模式。到了異鄉，各種琳瑯滿目的新奇商品，更是往往讓人流連忘返。

查德的超市，基本上可以分成兩種。第一種是類似台灣的柑仔店，一間小小的鐵皮屋，堆滿以食物飲料為主的貨品，僅容納得下一人站立，因此多半時候店老闆都是待在店外，跟朋友聊天等顧客上門；貨品有時也會多到塞不下（其實是因為店太小），而堆到室外曬太陽。

另一種則是超市，主要鎖定外國人士與當地消費能力比較高的客群，有著寬闊的店面、明亮的燈光、以及最重要的——冷氣。打個比方，大約像是介於前一陣子嫌年輕人太會亂花錢的某超市到頂好之間的規模。不過若是以當地的消費狀況來評估，已經是 Jason's 或好市多的等級了。

在恩加美納，能夠符合第二種情況的超市，目前一共只有四間：Modern、AG、Bon Marché，以及「查德女性」。嚴格來說，最後一間的狀況跟前三者還是有段距離，但已經比前述的柑仔店好太多了。

這幾間超市販售的貨品，基本上以外國商品為主，特別是法國品牌。由於查德跟法國有相當密切的合作，因此可能在經濟上，例如關稅，也會提供一些優惠。舉凡 Evian、Perrier 這類知名飲用

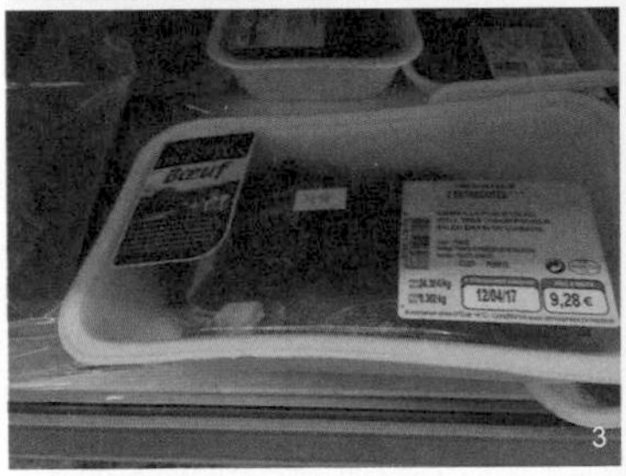

1.AG 超市一景
2. 不知道是不是真貨的香水櫃
3. 從歐洲空運到查德的肉品

水之外，也有像是 Bonne Maman、Haribo、Belle France 等零食與冷凍食品，而且共通點是，比台灣還便宜。

除了法國品牌，中東國家與其他經濟比較發達的非洲國家商品也不少，主要為小米、蜂蜜、瓷器或洗髮精等日常生活用品。至於玩具、比較便宜的電器與電腦配件，則多半是中國製造。東方國家如泰國米、越南春捲皮也能買到。特別的是，從韓國進口的居然是多功能砧板，然後找得到台灣進口沒有廠牌名稱的園藝大剪刀……你問我為什麼會知道喔？因為包裝上面印著「本產品榮獲美、日、台灣等多國專利」……。

由於是當地最高級的超市，因此什麼都賣也不奇怪。例如 Modern，二樓店面搖身一變，是 3C 賣場跟家具行的合體，從冰箱到床墊都有；AG 也很妙，居然買得到 Zara 的鞋子；還有一區是專賣各國知名香水，至於是不是真的，我就不知道了。

查德自有品牌呢？非常稀少。由於國家輕工業不發達，商品多半還是以農牧產品為主，例如蜂蜜、種子。就連冷凍肉品，也是外資企業為主，其中還有台商呢！由於深受法國影響，查德目前有一間國營酒廠，除了製作號稱「查德台啤」的 Gala 之外，也有製作氣泡飲料如鳳梨、葡萄柚、葡萄口味等。

至於 Bon Marché，跟巴黎市區那間比春天和拉法葉還要高級的同名百貨，一點關係都沒有，雖然這間的規模比較小，但品項卻相對較多，而且更重要的是，這裡是全恩加美納（甚至是全查德）唯一買得到 Xbox 跟 PS4 的地方。多少錢？四十萬中非法郎（約兩萬台幣）。

即期品之類的，這邊當然也有，基本上都是半價起跳。而且進貨的商品，變成即期品的時間相當快。因為罐頭類或盒裝的商品，大部分都是從喀麥隆的杜阿拉港上岸，然後開個兩千公里的貨車運送到恩加美納。要是不小心遇到港口罷工，再多等個半個月也是相當正常。因此，一份保存期限三年的產品，到上架時只剩一年，是稀鬆平常。補貨不易，連帶使得超市架上很難得可以看到「滿滿的大平台」。特別是「查德女性」，冷藏區跟冷凍區幾乎有一半是空的，就連雞蛋都可以放到長灰塵……。

另一個比較特別的，是這邊的超市也有賣衣服跟鞋子。當然單純的衣服不足為奇，奇的是上面的商標是Zara……，牛仔褲還單一價七千五百中非法郎（約台幣三百七十五元），真的無

1. 貨沒補滿的「查德女性」超市
2. 樓梯間更衣室

法判斷到底是不是真貨……。既然有賣衣服，那想試穿怎麼辦？某一次我向店員提出這個疑問時，他帶著我走到了店中央的樓梯，鑽進一旁的小空間說：「這就是了。」的確是滿貼心的啦，還擺了一面穿衣鏡以供使用。

逛超市的時候，有一點要特別注意：最好能把你買的東西價格，事先算好成一個整數，例如五千、八千。為什麼呢？因為查德的金屬資源缺乏，超市硬幣常常短缺。如果你是買個九四八七之類的金額，有相當高的機率是拿不到十三塊的硬幣。

這時候怎麼辦呢？兩條路給你選。第一條路，哎呀客人不要那麼計較嘛，才十三塊就算了嘛！台幣還不到一塊捏。

第二條路，有看到收銀台前面的小盒子裡面裝著糖果嗎？三顆五十或一條

1

一百，請當成零錢拿回去吧。
歡迎隨意參觀選購喔！

1. 物資缺乏，商品尺寸較小
2.3. 糖果零錢

3

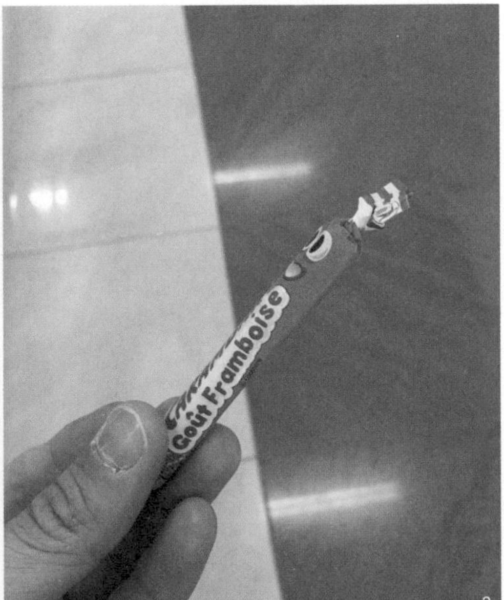

2

雨水是死神的使者

一般印象中，水是生命的元素，也是許多文學作品歌頌與讚揚的對象。特別是對於已開發國家的居民而言，在下雨的時候，泡杯薄荷茶或咖啡，倚著窗邊、攤開一本書，靜靜地讓滴答聲與閱讀產生一種微妙的節奏，可說是十分愜意與閒適的一段時光。

但是，由於氣候變遷的影響，越來越多強降雨，動輒數百毫升的瞬間降雨量，不僅考驗著基礎建設的耐受程度，更往往造成山坡地帶的土石鬆動，進而醞釀成災情。比如說像輔大淹出一座「中美湖」還算是較為無傷大雅的景觀；至於許多縣市區域對外道路斷絕而變成孤島狀態，無疑是要嚴肅面對的治理問題。

但是對於位處非洲內陸的查德而言，不管是大雨還是小雨，只要到了雨季，就是面臨生死交關的重要時刻，而且這個時刻一次就高達半年！此話怎講？讓我細細說你聽。

首先，是查德的雨季形態。在五月底、六月初開始，天空已經不再像之前乾季時萬里無雲般那麼的單調，積層雲、捲狀雲，厚的薄的（不是青草茶）各式各樣的雲層伴隨著風，出現在查德的天空與地表。氣候的變化從南方開始往北蔓延，風勢做為先鋒，帶來的不是季節交替所產生的去國懷鄉、時光遞嬗的感慨，而是沙塵暴。

查德的沙塵暴，用最簡單的方式來形容，就是電影《神鬼傳奇》裡的經典橋段。實際到外面走一遭，原以為沙子在視線另一端構成一片土黃之幕，然而風實實在在地透過你的肌膚，讓你知道正

1. 窗上全是蚊子屍體
2. 被膠帶封死的窗戶

身處沙塵之中。一陣又一陣顆粒狀的觸感，襲擊你裸露在衣物之外的皮膚，然後順著風勢竄進裡面；你的呼吸很明顯像隔著一層簾子，約有一半的空氣量被沙子所取代，一種卡卡、厚實的具體存在進入到胸腔。沙塵暴嚴重時，能見度據說不到十公尺。

沙塵退去之後，是貨真價實的雲層，往往無預警地就滴落斗大的雨珠，而且又快又猛。可能前一刻只是雲層多了些，陽光還很猛烈；下一個瞬間，耳朵就因有如雷擊般的雨水與建築和地面衝擊而出的聲響而震撼。儘管每一次的時間都不長，但越靠近雨季的高峰期，一天來個四、五次也是十分常見的現象。

下雨之後，就是生死交關的開端。

第一個原因，是因為基礎建設不佳。以最發達的首都恩加美納為例，仍有一半以上的人是沒辦法享受到乾淨的衛生設備，這就意味著下水道等排水系統十分不普及。幾陣雨過後，路上隨處可見水坑與積水，由於道路品質不佳，完全不知道水坑下面到底有多深，對車輛駕駛人跟行人來說都是危機。

第二個原因，雨水會把蚊蟲逼出來。乾季的時候，路上最多的非人類就是蜥蜴，接著是飼養的羊驢等家禽。但是雨季一來，蒼蠅、黑刺大齶蟻等原本低度活動的蚊蟲都大爆發的傾巢而出，即使加了紗窗，依舊沒有什麼阻擋能力，床鋪仍需要另外加裝蚊帳，並定時噴灑藥物，才能較為有效的抵擋蚊蟲。

第三個原因，雨水會造成積水，而積水因為缺乏基礎建設，必須仰賴自然蒸發，但是在雨季期間，蒸發的速度往往趕不上累積的速度，於是就造成了長期持續性的積水。例如在國會大廈附近的一處簡易足球場，乾季時許多民眾會在這邊運動，但是才下個兩三場雨，整個場地就變成一片水池，數天不退。一旦有積水，就會滋生蚊子。非洲的蚊子不僅會帶來在台灣耳熟能詳的登革熱，更致命的還有造成瘧疾的瘧蚊。

瘧疾之所以可怕，在於它有七到十天的潛伏期，初期發作的症狀跟感冒非常類似。對於像台灣這種基本上已經沒有瘧疾的國家來說，很容易會誤判，畢竟症狀發作時，通常也不太記得之前到底有沒有被蚊子叮過。之前就有實際的個案，因為當事人未察覺自己感染瘧疾，只吃感冒藥，延誤到治療黃金時間，拖了兩三天發覺不對勁，到醫院治療時已經太晚，最後不幸過世。

因此在查德等非洲國家疫區，一旦感覺有發燒，千萬不要鐵齒，立刻到醫院去進行快篩、投藥，才是最正確的方式。畢竟這是包括國際組織在內重點對抗的項目，只要能把握黃金醫療時間，通常不會有太大的問題。如果你只是短期停留，也可以選擇吃奎寧藥來預防；如果是長期居住的話就不推薦，畢竟奎寧對身體也是有傷，主要的副作用包括頭痛、耳鳴、視覺障礙以及盜汗。更嚴重的可能會有失聰、血小板過低還有心律不整。

不過，台灣常用的防蚊措施，受限於這邊的基礎建設不足，實用性並不高，例如用一桶水將洗衣粉按比例調合倒進下水道或水溝……這邊連下水道都很難找到啊……。相對來說，最實用的還是噴殺蟲劑或防蚊液，只是這邊的蚊子很猛，一般強調有機、環保、天然配方的，牠們不怕。一定要有濫開水……啊不是啦，一定要有敵避（DEET）的才行。所以有些人會心一橫，不顧敵避的不良影響，在自己的臥室內，甚至往身上噴，就是怕被瘧蚊叮咬。

以上都還是以經濟條件不錯的基礎來分享如何防治，對於貧窮到只能拿塊布在圍牆外隔出一塊空間的當地人來說，無疑是整天都暴露在高危險的生活環境裡，而這也是查德之所以全國都屬於瘧疾高危險感染區、年均壽命約五十歲左右的原因。根據世界衛生組織的資料，二〇一五年，平均每

積水不退的足球場

一千人就有六十人感染瘧疾；每三百人就會有十人死亡。以目前約一千萬人口來換算，查德有六十萬人感染瘧疾，二萬人因此死亡。

因此，雨季對查德來說，無疑是一則以喜、一則以憂。雨水固然對農業帶來契機、緩解缺水的問題，但在缺乏基礎設施的情況下，也是奪走生命的主因。

雨水目前仍是死神的使者，這是查德所面臨的困境。

出入境驚魂篇

這一篇是寫給第一次抵達與離開查德的人看的，最主要的目的呢，是先讓你／妳有個心理準備，因為即將經歷的過程雖然不長，但絕對值得繃緊神經，刺激程度不下方芮欣在一開始的校舍探險喔（請到網路搜尋《返校》遊戲片段）。

入境

自從飛機降落的那一瞬間，不管搭的是法國航空或衣索比亞航空，請進入在巴黎街頭或羅馬街頭的戰備狀態，當作眼前所有非制服軍警的人，都想打你的財物的主意。制服軍警當然也會，但手段不一樣，容後再敘。

恩加美納機場是以查德首都為名的機場，也是全國少數有平整柏油跑道的機場。截至二〇一三年，全查德一共有五十三座機場，只有九座具備平整柏油跑道，其中更只有二座機場跑道長度達三〇四七公尺，可供大型客機降落。你問其他四十四座的狀況？當然就像電影《神鬼傳奇》那樣啊……，可能還要更糟一點……就是紅土跟沙地這樣……。

機場是軍民共用，但這裡的軍隊主要不是查德政府，而是法國。當初為了對抗利比亞入侵，因此有約一千五百名的法國部隊與飛機的軍武駐紮在機場附近。做為重要戰略要地（全國只有這一座國際機場），每次一有緊急情況，查德政府就會立刻封鎖機場，保障重要人士能優先撤離。至於其

空中鳥瞰恩加美納市區

他人嘛，要嘛先閃去外資飯店讓法國等歐洲軍隊撐一陣子，要嘛就是趕緊搭車去南邊的喀麥隆避難。

好，簡單一句話，恩加美納機場就像……北竿機場。空橋，當然沒有，旅客走接駁梯下來時，就可以看見跑道上可能有房車跟一些穿著當地服飾的人員跟軍方在等著，當然是等達官貴人。一般旅客擠進不知道從哪個先進國家退役的斑駁接駁車內，大概開個十秒不到就抵達航廈。

有問題？請說。為什麼不直接走過去就好，那麼近？

好的，回答您的問題。因為你可能會被軍人開槍啊！這裡是長期盤踞政局不穩定國家前段班的超有競爭力國家啊！二〇一五年才剛被博科聖地炸過的呀，怎麼可能會讓你像自由行一樣趴趴走呢？所以你還是乖乖的配合吧。

對了，這點很重要一定要說，千萬不可以拍照。你就當成這裡是軍事重地，你就是被當間諜看待的可疑人士，懂？

不可以拍照、不可以拍照、不可以拍照，就連手機都不要拿出來！

下車後，搭剛蓋好的電扶梯上二樓，準備入境。一進門眼前就是海關，右手處有個小廁所，假如你有需求，建議使用，因為這可能是你在查德遇過最好的廁所之一。

海關整個腹地不大，大概一間高中教室，分成三到四個櫃檯，後方是行政部門的管制室，也是初次造訪的人都一定要進去的小房間。一般來說，旅客必須先辦理臨時簽證，這個簽證呢非常奇妙，由兩個部分組成。第一個，是類似邀請函之類，由當地代辦機關取得政府同意，允許你入境；第二個，是一張表格，上面有你的姓名跟護照號碼，蓋上相關部門的章。

這種臨時簽證實在非常少見，再加上寫的是法文，所以要有心理準備，在任何亞洲機場被櫃檯要求等候須向上查證的機會非常高，因為地勤怕你沒簽證被遣返。像我就中獎啦！所幸最後通常還是順利過關。

接下來，把臨時簽證跟護照、入境卡一起遞給海關人員後，請把你的右手四隻指頭放在機器上錄指紋，錄完換大拇指，大拇指錄完換左手再一次。有沒有搞錯？十隻手指頭全要？啊我不是早就跟你說要把自己當間諜看了嗎？

接著面無表情，想像自己被抓到要做紀錄那樣的拍完照後。這是你測試運氣的第一道關卡，海關可能會先當機一陣，然後大拇指與食指輕輕交錯著對你比個「小愛心」。咦？查德也很瘋韓劇嗎？還突然對我告白？

白你個頭啦，如果你遇到，恭喜中獎，他在跟你要「殺必是」。

「請伍長指示單兵該如何作戰！」

「請問當兵最重要的技能是什麼？」

「報告伍長，裝死！」

「那就對了。」

沒錯，這時候就是要裝死，雖然咱們台灣人從小就

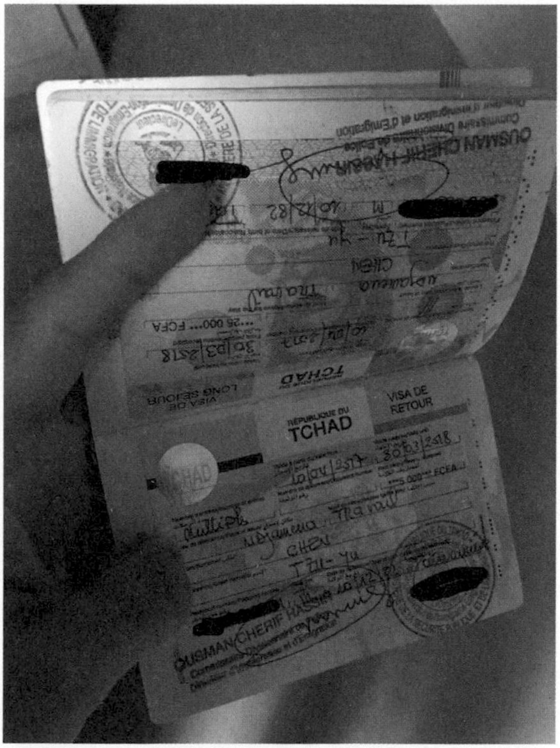

查德簽證

對英文情有獨鍾，可能還會加碼個法文之類，但這個時候就是要把自己當聾子，力行「看不懂」、「聽不懂」、「死不想懂」的三不政策，拖到海關放棄即可過……第一關。

所以一下機就要搶先，這樣你身後所有排隊的旅客，都會成為你最堅強的裝死後盾！

第一關之後，你會被帶進小房間裡，這裡會有一點「小」震撼。你的護照要暫時被收走，等到隔天或後天，再請當地的同仁幫你去政府機關領回。為什麼要先收走？因為他們要幫你貼正式簽證，是說連膠水都要省是吧……看起來輕輕一撕就會掉了啊！

這段期間，你提心吊膽，官員氣定神閒，不時因為廣播裡的笑話跟著笑，好不愜意。偶爾還會聽到「信台灣」、「信台灣」。這麼厲害，知道台灣有阿信跟信樂團？

傻了嗎你？人家是用法文說「中國台灣」啦。不過呢別擔心，這沒有打壓的意思，查德人對這兩國的認知是普遍很清楚的。當然，這又是另一個故事。這時候，又是高機率的「小」震撼出現場所，同樣請切記最高指導原則：裝死，盧到他放棄。

最後你會拿到一張領護照的文件憑證。出小房間後，把打過疫苗的黃皮書給樓梯口的官員檢查（嗯……這也是看運氣，有時候人家想下班或心情不好就懶得理你），下樓後，準備迎接進入查德國土前最後、也最困難的一道關卡：領行李。

話說有件很奇妙的事，搞不好是通則。就是說凡是越不穩定的國家，就越會在小細節上「依法行政」（翻譯：找麻煩），目的當然是為了「貼補家用」。也因此，你會在一個年均流量不到三萬人次的小機場，看到不成比例的近十個行李小弟，手裡推著推車，在行李轉盤處四處物色目標。

這邊來簡單說一下「依法行政」的流程，首先，常出國的朋友都知道，行李托運後會給你一張行李貼紙，到目的地領行李時核對用，怕領錯。一般的機場根本沒人在管這件事情，但是在查德，一定要憑貼紙才能放行。

所以，當你下樓梯之後，行李貼紙就瞬間比護照還重要了（廢話你這時候也沒護照啦）。讓我們回想一下《陰屍路》的片段，行李貼紙就是不停發出聲響的道具，吸引著所有行李小弟的目光。當你的眼神專注在行李轉盤的時候，他們就會非常熱情的向你靠近，然後把貼紙抽走！

解決之道，當然還是「殺必是」啦，大概美金一塊錢就能解決。不建議用英鎊與歐元，因為硬幣不能換，這些幣值的最低面額紙鈔又太貴。新台幣？港幣？不好意思跟廢紙一樣喔。

這樣的行為，可以出現在機場，代表一件事情：政府默許。畢竟這是一個經濟非常差的國家，公務員動不動就被欠薪，大環境逼得所有人「共體時艱」、「一起找出路」。會來到這邊的外國人士，清一色都是有政治任務或為了經商而來。白人惹不起，當然集中鎖定黃種人囉。換個角度想，你能夠穿上卡其色的機場工作人員服裝，當然也是要有點關係的。

通過領行李這關後，恭喜距離出機場只剩一個步驟：再次安檢。咦？不是分成要不要申報，跟海關打個招呼就出去了嗎？我的老天鵝，這裡是查德！（有押韻耶）。出境更麻煩，聽同事說高達四次……沒辦法，也是一種提高就業機會的方法。為了多讓一些人有工作，結果就是充斥大量冗員。例如此刻的安檢，只見七八個工作人員盯著一台X光機……。

終於，你領到了行李，走出恩加美納機場，歡迎光臨查德！

等等，是不是少了什麼東西？免稅店呢？租車行呢？出境大廳呢？

不好意思，什麼都沒有。你一走出去，就是一條有點坑疤、沒有劃線的車道，必須走到對面停車場搭車，車不能開到機場旁。因為怕汽車炸彈攻擊。

好的，再說一次，歡迎光臨查德！

出境

時光匆匆，無論你是來這裡旅遊還是工作，最終還是會到了告別的時刻。但是，出境可不比入境輕鬆喔。當你準備好行李、機票，懷抱著一顆返鄉的心情出發時，且讓我慢慢道來你即將面對的情況，因為直到你真的坐在飛機座椅、感受到離地的那一瞬間，你才能真正的放鬆下來。

前往機場的路上，護照請隨身攜帶，在進到機場停車場前，會有持槍警衛做第一次檢查。停好車，跟送行的朋友道別後，橫跨馬路抵達出境大廳……之前，是第二次檢查。旅客分成兩三路排排站好，前方是一張長桌，長桌後有非官方的保全人員打開旅客托運行李，翻查有沒有「違禁物品」。所謂的違禁物品呢，其實指的是出境旅客在當地購買的紀念品，如果你沒有保存收據的話，保全就會裝出一副嚴肅的臉，跟你搖搖手說這樣不行，跟你要錢才能放行。

此時，無需屈服，你身後同樣在排隊的旅客是你最好的後盾。只要裝成聽不懂任何語言的模樣裝傻，接著雙手一攤跟他耗，直到他放棄為止，你就可以通過這一關了。通關要訣：裝傻、不要太早跟太晚到機場。

進入機場後，還會有一次保全關卡檢查你的機票並蓋章，這一關相對簡單。之後來到航空公司櫃檯，一定要仔細確認你的行李有沒有掛到目的地。由於查德機場的設備並不太先進，加上台灣旅客多半會轉兩到三次機，以及地勤對台灣機場不熟等因素，如果航空公司之間沒有連線的話，行李很容易掛錯，一定要再三確認。

掛完行李、領完機票，回頭往二樓的樓梯準備過海關。樓梯口這次換成官方人員再次查驗護照跟機票，這裡也有可能會遇到勒索，請保持同樣鎮定地裝傻混過去。上樓給海關蓋出境章、隨身行李經過機器檢查後，終於抵達候機室。這裡除了廁所跟一間小貴賓室之外，什麼服務都沒有。

由於沒有登機廣播，只有幾台登機資訊螢幕，請千萬不要睡過頭，隨時留意身旁旅客是否有排隊登機的動向，以免錯過。查德首都機場是沒有空橋的，所以你還是要走下樓、到外面搭接駁車過去。這個時候還會遇到一次行李安檢，我個人就碰到安檢人員直接從懷中掏出一台螢幕破裂的平板，要我買一台新的給他。我這麼回：「你這台是中國做的，我是要回台灣，我那邊買不到這一台喔。」

好的，就這樣混過去了。

下樓、登上接駁車，開到飛機前。切記！最放鬆的時候就是最危險的時候，千萬不要在這裡拍照留念，因為一旁的軍警正等你這麼做。他們不會先制止你，而是目擊了你的拍照行動後，立刻以逮捕現行犯的姿態把你手機搶走，然後要你花錢消災。

通過了這一連串的考驗之後，當你真的進到機艙內，等到飛機離地的那一刻，才算是真正的可以鬆一口氣。

崇尚自然，享受原味的當地飲食，
絕對是造訪查德不可錯過的～

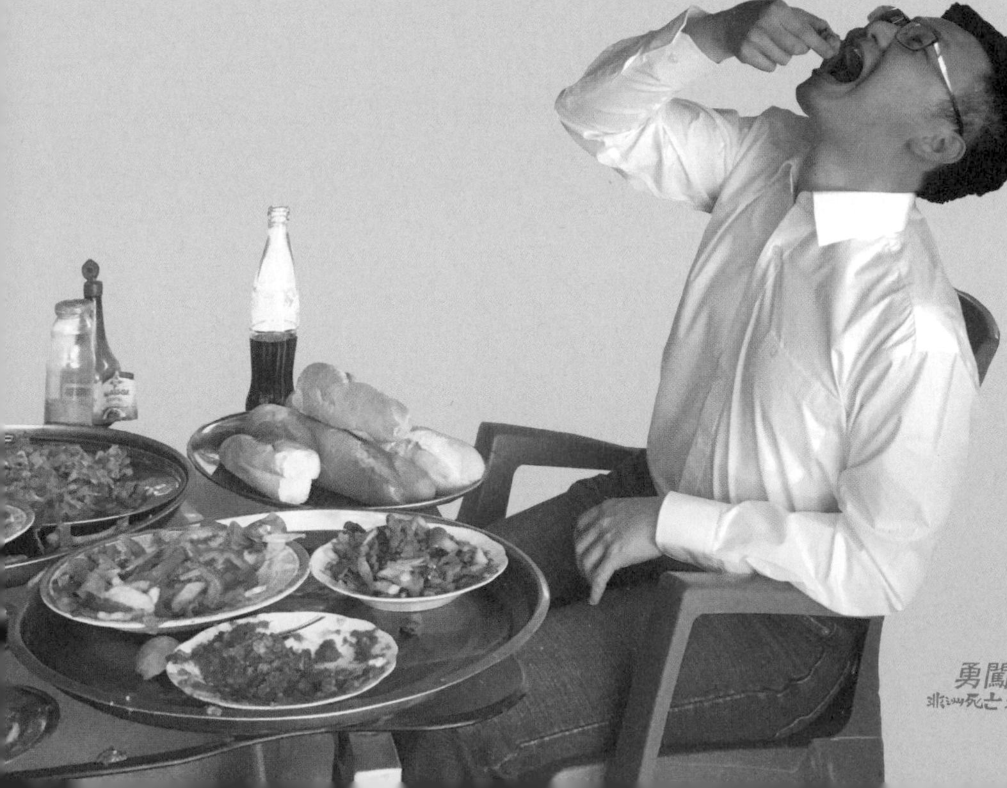

輯二

台灣吃不到的查德美食

柴燒牛雞羊雜

自從粉絲頁開張以來，陸續接到讀者反映，希望看到查德美食。這個聲音，我一直都有聽到。經過數次的醞釀、考察、琢磨、記憶之後，美食篇終於要正式登場啦！

進入食物本體之前，有些基礎認知是要先說在前頭的。首先，就是查德的經濟環境不佳，所謂的「餐廳」，請千萬不要在腦袋中浮現台灣、日本，甚至是美國歐洲的「餐廳」，那是在中國餐館或外資大飯店才會出現的場景。查德本地的餐廳，絕對是生、猛、有、力、豪、邁、粗、獷。第二，就是調味絕對是崇尚自然、享受原味，不會有過

1

多繁複的醬汁或添加。

這一次要為大家介紹的，是距離戴高樂大道不遠、位在伊斯蘭教徒每周五中午固定朝拜處附近的烤肉專賣店。在當地同事的引薦下，我們一行人走進內用區，先以肥皂跟自來水清潔雙手後入座。同事非常豪氣，叫老闆「全部都來一份」。

先別驚訝，即使全部都來一份，也不會是琳瑯滿目的十幾種料理都端上來。這間店只賣三種肉：牛肉、羊肉、雞肉。沒有豬，是因為查德的第一大宗教是伊斯蘭教，占全國人口約六成；再說這間餐廳出門右轉就是伊斯蘭教的固定朝拜地點，人家儀式進行到一半，你在隔壁吃香噴噴的烤豬，這不是褻瀆加挑釁嗎？

料理處理中，先來杯飲料消消暑吧。查德餐廳常見的飲料，除了酒之

1. 富有法式殖民風情的戴高樂大道
2. 餐廳實景
3. 吃飯前後記得洗手

外，就是可口可樂、百事可樂、七喜、雪碧跟黑麥汁Matina。由於冰櫃的品質不太好，電源供應又常常出問題，所以雖然說要喝冰的，實際口感大約只是……有點涼這樣，但是跟外面動輒38、40度的溫度比起來，夠享受啦！

不一會兒，菜就接著一道一道裝在鋁盤裡送上。雖然是烤肉專賣店，但也是相當注重飲食均衡的。菜盤主體番茄切塊佐洋蔥切片，以豆泥做底，上面再點綴一些炸薯條——這邊的薯條是軟的，應該是先炸好備用，短短小小的，方便入口。菜盤還有另外一種作法，就是沒有豆泥的版本，薯條量大增、番茄跟洋蔥都是切片，更能嚐到食物的原味。

另一道菜叫做「馬拉拉」，乍看之下有點像鐵板牛柳，但本體卻是羊內臟拼盤，佐以一些青椒碎塊，上頭同樣點綴一些薯條。羊騷味被柴燒除去，入口還有點

1. 牛、羊雜、蔬菜拼盤

2. 非常開胃的辣醬＆法國麵包

木頭的餘香，脆脆有嚼勁，還不黏牙。

看到這裡，各位看官應該想到一些問題。這裡就一一為您解答。

第一個問題：主要的澱粉類就是薯條嗎？答案是錯！凡被法國殖民過的地方，都會留下兩項法式遺產：法國麵包跟一團混亂的行政機關。由於本篇主題關係，後者先不談。是的，這裡的飲食習慣一定有法國的影子，澱粉類是法國長棍麵包，但因為氣候跟食材都沒有法國那麼好，當然這邊的棍子吃起來就比較軟一點、鬆一點，沒有法國那種「綿密的石頭」感覺。

第二個問題：啊餐具勒？答案揭曉：就是你的雙手。可別以為入座前的洗手只是一般的清潔習慣，在查德可是吃飯前的必要動作啊！正統查德吃法，不管什麼料理、不管什麼食材，雙手萬能。當然，為了不同飲食習慣的外國人士，想跟店家要

2

1. 油滋滋烤肉區

2. 非常燙的炒碎雞

個刀叉湯匙還是有的。不過更絕的當然是咱們台灣同事，了不起，居然還自備手扒雞的塑膠手套……。

解答完疑惑，繼續邊看（你看）邊吃（我吃）。

羊肉的料理方式是羊肉帶皮、羊後腿連骨切塊火烤，帶點微焦。可以單吃、可以配生洋蔥吃，更可以兩個加一起，沾當地特製醬料吃。醬料只有兩種原料：辣椒打成泥，撒上孜然粉。查德的辣椒基本上辣度很輕微，有刺激味蕾的提味效果，但不會讓你吃一口就變關羽。

牛肉則是沒在管什麼部位，烤熟後都切成牛柳狀，跟豆泥摻合在一起，看起來倒有點像咖哩加薯條。黏稠的口感中帶有牛肉的咬勁，我個人是比較喜歡塞進法國麵包裡變成三明治啦。

最精彩的，莫過於我姑且稱之為「炒碎雞」的料理。碎洋蔥、碎青椒、些許豆泥，混入雞肉與雞骨大火快炒，端上來時可別看表面平靜無波，你手伸進去才知道裡頭簡直是作業中的焚化爐啊。最好先撕一塊法國麵包，翻一翻雞肉，讓熱氣散出來，不然手指還真的會被燙傷。

這麼澎湃的分量，我們一行五人吃都還剩一堆可以打包。接下來就是大家最關心的問題：多少錢？

報告，這樣含飲料，一共一萬一千中非法郎，也就是五人份台幣五百五十元啦！

真的，好吃！

題外話，另一次因為幫同事慶生而再度造訪。當天我穿著傳統服飾，沒想到老闆一看大為激賞，除了立刻招待一盤羊雞之外，還興奮到拿了一把傳統防身匕首塞給我，要我跟他合照。

另外一個題外話，當我們吃完要離開時，發現前方居然被軍方封路。一問之下，原來是中午朝拜的伊斯蘭教徒人數太多，政府怕博科聖地混進來搞恐攻，所以施行人車管制，只好調頭繞點遠路回去。

1. 為您示範正確吃法
2. 穿著傳統服飾與老闆合照

據說功效
比牛肉好的駱駝肉

上一篇的柴燒牛羊雜似乎讓很多人食指大動，如果你因為這樣就流口水的話，那麼接下來的內容你可能會流滿地的口水！

這篇要為大家介紹的是，在當地評價超越牛羊雜的更高級美食：駱駝肉！

話說原本是想到公司附近的店家嚐鮮，可是當車子一靠近時，老闆立刻衝出來，雙手不斷示意說「不要不要」，這可奇了，難不成老闆也有在看批踢踢，懂這個梗？還是說這間店不歡迎外國人，寧可生意不做？

當然都不是。老闆是表示已經賣完了，下次請早。天啊，還不到十二點半耶！這完售速度也太誇張了吧，早上八點就開始賣午餐是吧？不過老闆人很好，跟我們指手畫腳一番後，表示說附近還有另一間，可以過去看看。

到了第二間店，老闆看到我們黃種人就說：「需拿！需拿！」這邊來進行個法文小教學，「需拿」就是法文的「中國人」，請問單兵該如何處置？回答：「翁涅爸需拿。」我不是中國人的意思。在查德，這句話跟在日本或香港一樣，會有意想不到的正面效果，但可能沒有前兩個那麼明顯

手繪牆面招牌

1. 駱駝肉的油脂肥滋滋
2. 又香又油的駱駝肉

就是了。

確定還有供餐之後，走進餐廳一看，完全沒有人！該不會是很難吃吧……？沒想到老闆說：「你們運氣很好。」哪一種好法？經過當地同事的詢問後，才知道說因為星期五，伊斯蘭教徒都去固定朝拜點做儀式了（就是柴燒牛羊雜那間店附近），所以我們根本是包場，運氣很好。

包場很好，但東西也要好吃才行啊，老闆，全部來一盤！

既然這間是駱駝肉專賣店，那麼全部來一盤，當然也只有全部都駱駝肉啦。相較於牛羊雜店還有蔬菜拼盤，這間專賣店則是只有駱駝肉跟洋蔥囉！當然，澱粉類依舊是法國麵包。

駱駝肉一盤一盤的上，很明顯由於單價較高，在分量上是走「精緻路線」，而肉也是切成薄片狀，目視約0.2至0.4公分吧，一片也不大。看到這裡，真的有點擔心要是不好吃的話，就變成踩到雷了。

不過還好，直接拿起肉入口後，不只剛剛的憂慮煙消雲散，還完全可以體會為什麼駱駝肉比牛肉還貴。因為好好吃啊！比黯然銷魂飯的叉燒還好吃啊！（請搭配食神的叉燒圖）

這邊先不細談我有沒有吃過黯然銷魂飯，重點是我有吃過駱駝肉。怎麼樣的美味呢？有些朋友覺得油了些，有些人覺得像雞肉，但我認為口感是介於羊肉與雞肉之間。由於這邊的駱駝並不是專門養來吃，也有負責載人或載貨，加上整天長途跋涉，因此肉質十分的紮實，不走入口即化路線，而是有韌性的越嚼越香。加上油脂充足，的確是滿嘴生香。

調味方式，這間店是用花生打成泥狀、加上點醬油，辣椒粉、鹽巴另附，吃起來是相當過癮。剝下一塊法國麵包，從中撕開，再用手抓些駱駝肉與洋蔥，沾點鹽巴放進麵包，就成了道地的查德法式三明治。很快的，三盤駱駝肉見底，於是又向老闆追加了兩盤……。

這樣五盤駱駝肉加五瓶飲料多少錢呢？七千中非法郎（台幣三百五十元），雖然飽足感沒有牛羊雞那麼高，但也有八分飽了。

最後，為什麼駱駝肉在查德的評價要比牛還高、價錢還貴呢？答案可能會讓你覺得匪夷所思：因為當地人認為吃牛會痛風，而駱駝因為能夠橫越沙漠、是強健耐操的象徵，吃了對身體好……。

不過比起台灣一堆人動不動就聽信什麼偏方秘方，覺得吞來路不明的粉末連癌症都治得好，查德這種「吃駱駝強身」的想法倒是合理多了。

衣索比亞餐廳阿斯瑪拉（上）

衣索比亞，台灣人對這個國家最深刻的印象，恐怕還是來自於多年前的救濟饑荒廣告。甚至到了現在，仍有許多老一輩的家長，會用「再不吃飯就跟衣索比亞難民一樣」來「鼓（ㄎㄨㄥˇ）勵（ㄏㄜˋ）」小孩子。不過，衣索比亞近年來政治相對穩定，國家發展表現亮眼，根據二〇一二年的資料，經濟成長率高達八．五％；更是非洲近代史上唯一一個擊退歐洲殖民列強，維護自身君主制傳統的國家，並在一九九四年時通過憲法，將國家體制變更為聯邦制。其首都阿迪斯阿貝巴目前有三千萬人口，算是非洲相當先進的城市之一。

以上是衣索比亞的簡單介紹。這次要跟大家分享的，是位在約略可稱之為「恩加美納公園路」上，總統府附近的衣索比亞餐廳阿斯瑪哈（Asmara）。

餐廳可分為戶外區與二樓用餐區，兩者的差別是，前者還提供水煙（shisha）服務。水煙是源自於古代波斯的一種吸食菸草方式，經過歷史的演變與流傳，目前盛行於中東及非洲地區，可說是相當普遍的一種休閒娛樂。不過，價格自然是隨抽的地點，而有相當大的波動。例如說本文要介紹的衣索比亞餐廳，一壺一千五百中非法郎（台幣七十五元），但是如果在希爾頓（飯店），一壺五千中非法郎（台幣二百五十元），價差三倍以上，明明內容物都一樣。

既然機會難得，那麼嚐鮮一下也是免不了的。水煙可以選擇口味，例如草莓、哈密瓜、蘋果等等，出於衛生起見，也可以另外加購免洗濾嘴。在開始之前，有一段話是一定要說的：「抽煙有害

1. 餐廳正門
2. 價格表
3. 水煙容器

身體健康為了您的個人身體與家人親友未來幸福請務必……（下略三萬字，版面限制不予收錄）」，這樣才不會被不懂事基金會拿去跟恩嘻嘻檢舉……其實我比較想「站在上風處做一個點菸的動作」啦（參見陳令洋同名詩作）。

好，言歸正傳。下完單後，服務生首先將長得很像阿拉丁神燈的水煙容器送到桌前，接著再提著一盆燒得正旺的煤炭。前置作業很簡單，就是拿起夾子，夾起幾塊紅通通的炭，輕放在包覆著錫箔紙的燈口。不一會兒，煤炭的熱能引發對流效應，此時將免洗濾嘴接上水煙燈原有的吸嘴，深呼吸後，把濾嘴含進嘴裡，接著就吸吧！

吸到一個段落，據說就是跟一般抽菸步驟一樣，由鼻腔將煙排出。不過我個人只有大學時好奇試抽一口還失敗之後，就再也沒有碰過菸了，所以不清楚抽水煙

2

3

1. 一樓半戶外
2. 二樓內裝
3. 噴煙實況

跟抽香菸的步驟是否相同。當煙蓄積在口腔時，會感覺到淡淡的果香，至於是哪一種果香，根據你點的口味而定。這時要注意，千萬不要不小心把煙給吞下去，不然你會瞬間出現騰雲駕霧的感覺……。

把煙從鼻腔排出時，不得不說這個視覺效果真的是很驚人。只見兩道濃煙噴射而出，整個鼻子彷彿是火箭發射一樣的場景；當然也可以選擇從嘴巴吐煙，透過不同的節奏與唇形，把煙像泥土一樣的塑造成不同的形狀，煞是好玩。

整體而言，水煙的「味道」並不重，一壺水煙也可以抽很久。因此常常可以看到有當地的客人，點了一壺水煙之後，就悠閒地半躺在地毯或椅子上，看著電視或手機，吞雲吐霧一個下午。但是這場景還真的有點像歷史課本上的抽鴉片實況啊！

另一個不太好意思的事，跟我們一起來的當地司機，之前沒抽過菸，結果就……被我們「帶壞了」，吸一口之後彷彿開竅，一口接一口。

寫到這裡，要來當一下流言終結者。有些朋友認為水煙比較淡、煙有被水濾過，所以「應該」比一般香菸來得沒那麼有害。這是完全錯誤的認知。根據《天下雜誌》的報導，水煙所產生的煙霧在通過水後仍含有大量有毒化合物，包括焦油、一氧化碳、重金屬和致癌化合物。

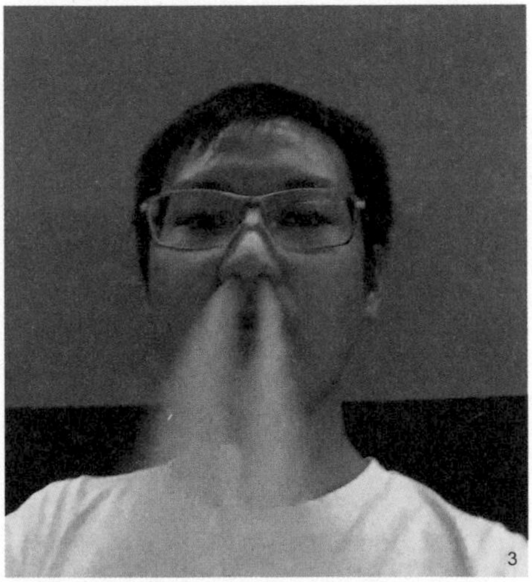
3

由於吸入煙霧的深度大及每次吸煙的時間長，使用者吸入的有毒化合物分量比吸食普通卷菸者更多。通常吸食一小時水煙涉及的煙霧吸入量是吸食一根菸的一百至二百倍。吸食後身體的一氧化碳濃度也是一根菸所導致的至少四至五倍。水煙使用者與普通吸菸者一樣，更易患上口腔癌、肺癌、胃癌、食道癌，水煙也會降低肺功能、引發心臟疾病和降低生育力。

所以啦，水煙並沒有比較「不危險」，只是在充分了解相關風險後，要不要吸食、吸食的頻率與程度，就完全是個人選擇囉。畢竟以健康為名，要人不做這個不做那個，實在是很令人反感。因為在不傷害到其他人的情況下，人總是有墮落的自由不是嗎？

糟糕……寫了一堆好像都還沒看到餐點……我們下集再見好了（被揍）。

衣索比亞餐廳阿斯瑪拉（下）

查德當地的餐廳有一個特色，或許是受到法式飲食的影響，就是上菜慢，另一個可能的原因，則是現點現做。因此如果沒有事先打電話預約，等個十到二十分鐘都是正常的範圍，阿斯瑪拉餐廳也不例外。

約莫將一壺水煙抽到一半左右時，大夥談天說地差不多到一個段落後，主菜終於送上來了。介紹這間餐廳的友人說，他都將衣索比亞料理稱之為「抹布餐」，不只是因為外觀，還包括氣味也有幾分相似。

乍看之下，一塊鐵盤上頭鋪著一大片可麗餅，醬料跟菜餚則是盛在可麗餅上頭。一個區塊是一種醬料或配菜，你看著有點像棋盤，我看著倒有點像稿紙……喂！怎麼突然複習起國文課本了……不是啦，是這樣的擺盤五顏六色、花花綠綠的，很有吸睛效果。

怎麼吃呢？當然是手洗乾淨後，大家一起抓著吃囉。吃法很簡單，從餅皮中撕開一塊，挑選喜歡的醬料或配菜，包起來往嘴裡塞。如果餅皮不夠，店家也會另外附三、四片小片的餅皮當主食。一頓飯吃完，沒有餐具要清洗，只需要將鐵盤稍微清潔一下，坦白說是非常環保跟節水的吃法。

至於為什麼叫做「抹布」，答案在於這其實不是可麗餅皮（原料為蕎麥粉或小麥粉），而是一種盛產於衣索比亞高原的獨特穀類作物，叫做苔麩（Teff），用這種作物製作而成的餅皮，則稱之為因傑拉（injera），是衣索比亞人的主食，天天都要吃的。

由於苔麩到因傑拉的製作過程中，會經過發酵的階段，導致最後的成品端上來時，散發著一股淡淡的酸味，初次聞到的人，往往直覺聯想到用過的抹布；再加上吃法也跟抹布的使用方式一樣，一塊餅皮夾配料，吃到差不多後，將餅皮往鐵盤上一抹，把醬料沾個精光，動作看起來就跟拿抹布擦鐵盤有八七分像。稱之為抹布餐，其實挺精準的……。

糟糕，這樣會不會害人沒有食欲？別急別急，這些都是飲食文化差異帶來的衝擊，就我個人來說，抹布餐跟吃牛腦相比起來，真的是沒什麼啦！趕緊來介紹滋味吧！其實很好吃的！

配合宗教等飲食習慣，衣索比亞餐也有分素食、肉食與齋戒餐。這一次我們點的是傳統的素食餐，另外加上一盤烤雞。素食餐上頭的配菜是豆泥、辣椒醬、燉菜，當地名稱叫做「瓦特」（Wat）。膽子更大一點的朋友，則不妨試試「希尼」（Zigni）：沒煮熟的牛、羊肉塊，加上番茄汁跟辣椒粉調成的料理。

雖然說氣味跟外觀似乎不是那麼的……符合我們對於「美食」的印象，但是如果從「健康」的觀點來看，因傑拉倒是相當不錯的選擇喔！根據研究，苔麩營養價值非常高，

1. 衣索比亞傳統餐點因傑拉

2. 烤雞餐

2

富含胺基酸、蛋白質、各種微量元素以及植物纖維等，其鈣含量比牛奶還高，鐵含量是小麥的兩倍。

俗話說良藥苦口，高營養價值的苔麩，對某些人而言難以下嚥也是正常的（？）酸歸酸，就當成壽司的醋飯吞嚥，其實真的入口後，由於燉菜的香氣跟重口味的醬料，會把酸味壓下去，此刻反而突出了餅皮的柔軟，以及吸收醬汁後的另一種獨特風味，加上大夥邊吃邊聊，其實很快就會把一盤給清光了；至於烤雞餐，雖然說雞肉烤得軟嫩多汁，但用當兵那種打飯鐵盤裝，讓人不得不遠目一陣，心思飄回到唱個歌再進餐廳的日子……。

餐後要來個消遣，衣索比亞的風味咖啡是不二選擇。從煮咖啡的壺子到裝咖啡的杯子，都是特色。一只杯子就裝在一片葉子狀的盤子裡，五顏六色、鮮豔繽紛。剛煮好的咖啡還冒著蒸氣，抓準倒出的瞬間按下快門

（其實是手機拍的），一幅充滿宗教神秘感的照片就完成了。

衣索比亞的咖啡，炭烤味特別濃厚，對於喝慣了星巴克或法式咖啡的人來說，可能會不太適應。與炭烤味相輔相成的，就是苦味，但是沒有普通黑咖啡的澀；可以依據個人口味，加個幾匙砂糖，原本的炭烤味經過融合，又變成了另一種甜甜的香味。飯後來一杯，很解膩的。

話說回來，非洲的用餐習慣普遍都是多人共餐，而這也代表著共餐者的友誼與親密。如果有機會到非洲、或是與非洲友人一起用餐，不妨試試這樣的方式。最後有人問說，這樣價錢如何？主菜一盤一萬中非法郎（台幣五百元）；咖啡一杯一千中非法郎（台幣五十元）。四五個人叫個兩盤、一素一葷，配個餐後飲料，平均兩百台幣有找，經濟實惠。

冒著煙的咖啡杯

開業超過三十年的婆婆塞內加爾餐廳

由於國際外交的困境，台灣過去的邦交國多半都集中在非洲與太平洋的島國，並且總是一下建交一下斷交。當然這有特殊的政治背景在，只是對於一般人民心中產生的印象，或許就不是那麼的正面，也因此少了那麼點動力去發現世界上較不為人知的一面。

例如非洲，雖然很多人的初步印象是很熱、環境衛生差、動亂不斷，但其實這塊擁有高達五十幾個國家的廣闊大陸，不只是生態豐富，也孕育了各式各樣特殊的人類文化；乍看之下類似的各部落生活型態，實際上各有千秋，並且也反映在人類各種的生活樣態裡。

例如上一篇介紹的衣索比亞特殊主食：苔麩，就是一種全世界只有他們在吃的極稀有作物；這篇要來介紹的美食，則是相對常見，卻也發展出各種變化的北非料理：庫斯庫斯（Couscous）。

庫斯庫斯是源自於北非馬格里布一帶（今日摩洛哥、突尼西亞、阿爾及利亞一帶）的住民柏柏爾人食物。後來不但流傳到以色列，跟鷹嘴豆等中東料理融合，甚至也與法國飲食文化搭配出新的風味，之前我在巴黎小皇宮旁的米其林三星餐廳 Le Pavillion Ledoyen 吃到庫斯庫斯，就一直對其獨特的風味念念不忘。這次到非洲來，當然更不能錯過。

插個題外話，馬格里布一帶（沒有一路），在一九八九年的時候，由於格達費的鼓吹，成立了一個「阿拉伯馬格里布聯盟」，不但有上述三國，還有發起國利比亞跟茅利塔尼亞。這位大叔真的

1. 來得早才有位子
2. 餐廳內一景

念茲在茲想當阿拉伯王啊！

回到正題，這次要介紹的餐廳，真正是「巷仔內」的好店，因為真的在巷子裡面。要不是門口坐了個警衛，加上有當地同事帶路，不然真的很難注意到。而且在查德會需要動用到警衛的店家，普遍都是中高級以上的餐廳或超市、航空公司等，這間位於平民區、外觀又極不起眼的餐廳，也需要請警衛坐鎮，可見其生意之好。

在查德，餐廳生意好只代表一種意義：東西好吃。畢竟這裡科技跟資訊都不發達，別說什麼臉書下廣告了，就連報紙買業配都根本是浪費錢（識字率低加上報紙不普及），因此也省去了台灣常見的「踩雷」、「名偵探柯南之反置入性行銷」這種過程，只要當地人口耳相傳說好吃、人潮多，那就對了。

這間塞內加爾餐廳，就完全符合這些要件。一走進店裡，座位就已經坐了差不多七成滿，甚至還有客人是吃完準備要離開了。我們抵達時也才十二點出頭，這麼快就翻桌的確讓人更加期待等會的食物了。這裡的點菜很簡單，你的主食要選魚還是雞？就這樣而已。這間店只賣兩種套餐，當然你也可以入境隨俗，來個共餐大雜燴，不過這間店的貼心之處就在於提供一人一份的套餐，還附刀叉。

一邊等待上菜，一邊環伺店內，我注意到有一位婆婆一直坐在櫃台前，偶爾會對服務生唸個幾句。詢問了查德的同事，才知道這位老婆婆就是老闆，而且在這間店一待就三十年以上，貨真價實的第一代店老闆。只見她偶爾會將手伸進菜盤裡，抽一口出來試吃，如果不滿意，就叫服務生退回廚房重做。這種現場演給你看的檢查品質方式，以顧客的立場來看，真不知該說什麼，要是品質沒問題，這一盤不就是直接送上來了嗎？

還好，我們這一桌點的菜，沒有遇到查德地獄廚神高登的臨檢，平安抵達。一盤約臉大的鐵盤上，盛滿了朝思暮想的庫斯庫斯，配上一整隻雞腿或雞胸，雖然顏色黯淡了點，但那是經過香料醃製後去烤的；佐以洋蔥和四季豆為主的蔬菜，加上半顆小檸檬調味，就是一盤道地的塞內加爾吃法囉。

這邊有個常見小誤會要澄清一下：庫斯庫斯不是小米，而是粗麥粉加一點點水，用手揉搓，並撒上乾麵粉，分成小米大小的顆粒，如果分出來的顆粒太大，就要重新打碎，直到符合尺寸為止。不過，為什麼配雞肉的庫斯庫斯是白色，而另一盤配魚的是紅色呢？這個主要是調味方式有差。紅色的庫斯庫斯在煮熟的過程中加入番茄跟大蒜，因此呈現紅色；那麼白色或許是更簡單的水煮？這就正好相反囉，白色的庫斯庫斯，加入了油、美乃滋、醋、鹽調味，比紅色的複雜多了。

最後，來跟大家分享一下怎麼點菜，如果你想吃雞肉，就跟店員說「雅書（yasu）」；想吃魚肉，就說「切譜（chep）」。一人一盤，分量對女生而言稍多一點點，男生大約七分飽。我們這次一行四人含飲料，全部也才八千七百中非法郎（約台幣四三五元），平均一人不到台幣一百一十元。

番外篇

當我們結帳完走到停車處時，發現有個年輕人，拿塊抹布正在擦著我們的車。儘管沒有人叫他做這件事情，但轉念一想，這或許就是他們賺取外快的一種方式，而附近的車子也都有人在做相同的事情。於是就在剛剛找的零錢裡，拿個一百塊硬幣給他。

回程中，順口問了查德同事，一般來說這樣的行為要給多少小費。

查德同事：「大約五百到一千吧，你剛剛給他多少？」

我：「喔……我只給一百。」

查德同事：「唉……是說他也沒有很認真在擦啦，一百塊還好啦……」

1. 紅色是有加番茄調味的庫斯庫斯
2. 白色的庫斯庫斯也很好吃

路邊小吃炸豆團

任何國家都會有小吃，尤其是路邊的小吃。相較於有座位的餐廳，路邊小吃因其食材簡易、價格親民、攜帶方便，更能凸顯出一般庶民做為休閒與消遣的吃食文化。

查德街頭自然也會有路邊小吃，而且種類不少。這次要來介紹的，是當地人相當喜愛的「炸豆團」（Cosaye）跟「炸地瓜」（Patate）。

先說炸地瓜吧，顧名思義，將地瓜切成塊狀後，不沾粉、不調味，直接丟進去油鍋炸。約略過個幾分鐘後即可起鍋，放在一旁的網上濾油，順便降溫。入口的滋味是外脆內軟，但不到台灣用蒸的那種綿狀的軟，而是相對於外表的脆，比較近似紮實的、有點彈性的軟。

接著是炸豆團，外觀看起來有點像豆皮壽司，不過裡頭全都是豆子，沒有特定的品種，將各種豆類磨成粉狀，混一點麵粉沾水增加黏性，揉成團狀丟下去炸。吃起來結構比較

1

2

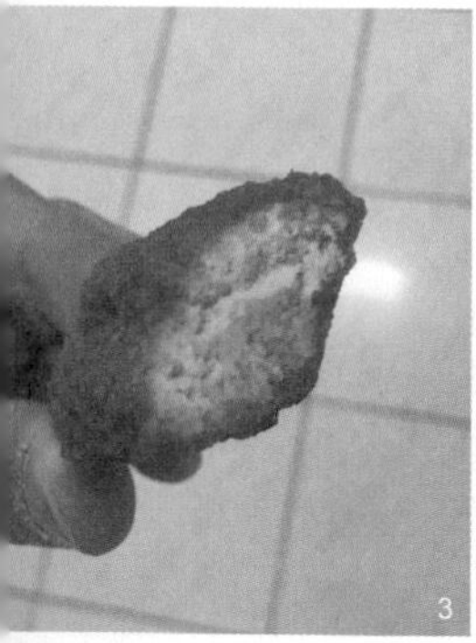
3

鬆散些。不過出乎意料的是，口味是鹹的。

以上兩種小吃的沾料是相同的：辣椒粉。雖然說查德的辣椒不會辣到你嘴唇像被揍過一樣，但不管什麼料理都能沾辣椒粉，也算是相當特別的國民飲食習慣。

至於價錢，以粒計費，一粒二十五中非法郎，折合台幣一．二五元。由於吃了會有相當的飽足感，算是相當經濟實惠的小吃。也難怪帶回辦公室後，當地同仁一下就把一大袋分光光了。

至於是用什麼油炸的……這個問題我想就不用特別深究了！

1. 地瓜斷面秀
2. 豆團長這樣
3. 豆團斷面秀
4. 炸地瓜
5. 炸豆團

奧林匹亞餐酒館

儘管人數不多，但恩加美納還是有一定數量的國外訪客，不管是來旅遊、經商、還是搞政治，他們共同的特色就是荷包不錯深（特別是跟當地物價相比）。基於市場法則，有需求就會有供給，當地仍有幾間主打國外人士的法式與義式餐廳，今天要跟大家分享的奧林匹亞餐酒館，就是這樣的一間店。

這間店其實來頭可不小，據說是現任教育部長卡沙里，向位於喀麥隆的總店店長極力遊說，才延攬成功到恩加美納開分店。為了維持食材的品質，特別是海鮮類，每天都從喀麥隆最大港杜阿拉空運過來；而卡沙里的來頭也不小，是總統夫人的哥哥，曾留美十二年，也到過台灣，可說是全國教育程度最高之人，地位猶如查德王莽（喂不要亂比）。

1. 餐廳招牌

2. 手寫菜單

奧林匹亞餐酒館，位於查德最大電信公司Tigo總部附近，除了餐廳之外，還有晚上才營業的酒吧場地跟兼賣雪茄，價格從一枝一千中非法郎（台幣五十元）到二萬（台幣一千元）都有。

餐廳外觀其實並不起眼，但這是為了安全之故，畢竟太招搖，就會有被搶劫的風險。通過門口的安檢後，進到用餐區，以黑色為主、紅色為輔的裝潢，讓顧客除了低調，也有些微的挑逗感。跟其他類似餐廳相較，奧林匹亞的圓桌數量滿多的，相對特殊。

另一個特別的地方，就是店裡有兩幅木製的手寫主廚推薦菜單。等顧客入座，侍者便會將其中一張可移動的菜單推到桌邊，供顧客挑選。當然，也有制式的一般菜單。前面提到，這裡的消費不低，主菜約台灣的西堤價位，從七千五百中非法郎（台幣三七五元）到一萬（台幣五百元），若是要來一套完整的三道式餐點，也就是前菜、主菜、甜點，可能至少要準備個二萬中非法郎（台幣一千元）。

2

餐前小點由店家免費提供，一共有兩道。第一道是小圓片麵包佐番茄橄欖焗烤，約一口的分量，無論男女都很方便入口。由於是事先準備好，因此溫度不高，不用擔心會燙到。橄欖已經去

1

2

核，由融化的起士略為抵銷橄欖與番茄的酸，與稍脆的麵包共組出複合的口感。

第二道小點是長條狀切片軟法，附上黃芥末、辣椒醬與奶油三種沾醬，當然要直接啃也可以。這種吃法可能是融合查德當地的飲食習慣，而事實證明把辣椒醬抹上軟法會讓人胃口大開，當然水也會多灌幾杯。

主菜部分，這次點的是勃根地牛肉，嗯……稱之為法式滷牛肉比較親切。配菜有數種可選，鄰桌的同事挑番茄佐肉末，搭配七分熟菲力牛排，我則是綜合炒鮮蔬。整體來說，滷牛肉相當的道地，雖然口味偏重，但不會死鹹，也還嚐得到牛肉的軟嫩，唯一比較可惜的是每塊肉都小小的，不過分量很足，會吃到撐。

至於同事的牛排，可能是出於安全起見選擇七分，但是一咬下去之後，絕對會讓人想試試看三分熟的滋味。由於採取法式作法，因此端上桌時已經淋上奶油蘑菇醬，七分熟的肉對我來說是硬了一點，然而咀嚼過程中，比較靠近中心部位較粉紅的

3

4

肉質仍吃得到鮮與嫩，水準是相當不錯。

望向同事的表情，大家除了吃得津津有味外，也有著幾分憂愁。因為分量實在是太多了，某位同事因為沒有很餓，點了濃湯。結果端上來的不是一碗，也不是一盤，而是一鍋……。

一如每一間餐廳，都會有大廚跟二廚輪班，我們這次運氣據說不錯，是大廚值班，如果換成二廚，水準應該就會有一定的落差。由於來得早，直到我們用餐尾聲，才有一兩組客人陸續進場。若是按照一般歐洲用餐時間，八點開始，九點半至十點間吃完，正好移駕到隔壁的酒吧區點杯飲料閒聊，或下場跳點小舞。用餐環境除了蒼蠅多了點外，其實真的就跟在歐洲一樣。

環境很容易影響人的想法，對我們這些異鄉人來說，相較於食物，鄉愁或許是更需要消解的吧，儘管只有片刻也好。

1. 黑紅色調的裝潢
2. 雪茄販售區
3. 麵包佐番茄橄欖焗烤
4. 無限供應的軟法
5. 勃根地牛肉

5

花園邊餐廳
Côté de jardin

花園邊餐廳，根據旅遊網站 TripAdvisor 的票選，目前是查德恩加美納排名第一的餐廳。不過，由於會上網參加票選的幾乎清一色是歐美觀光客，因此這間餐廳的口味，自然是以參加投票者的口味為主囉。

簡而言之，這間店是以查德鄉村風情為基礎，加以美化後的法式餐廳。

經過門口的安檢後，映入眼簾的是一片綠蔭盎然、花團錦簇的用餐環境。左右兩邊各有傳統手工藝品的販售區，多半是木雕，例如鱷魚拆信刀、開瓶器、查德國土鑰匙圈等。拿在手上細看，質感跟總統府旁的國營展售店其實差不了多少，但價格倒是翻了三倍，議價空間也很小，看來店租的確高得嚇人。

1

1. 餐廳門口

2. 吧檯前的手工藝品販售區

3. 菜單

店中央是茅草屋形式的半開放式吧檯，午後時分點杯飲料，坐在檯前跟服務生閒聊，也可找個座位或躺椅，悠閒地聽著大自然的聲音，慵懶地殺殺時間……以上是幻想。

真實情況是，在四十幾度的高溫下，即使找到陰影處，大概也有三十幾度左右；所謂大自然的聲音，主要是以蒼蠅在你耳邊嗡嗡嗡為主，然後到了傍晚，又是蚊子出沒的高峰時段，所以如果想要待在戶外的話，防蚊液之類的記得要先準備周全。

因此，最省事的，當然越過吧檯區，走進冷氣房用餐區囉。經過實驗證明，中午用餐時間，不分種族與膚色，消費者都集中在這裡。

侍者送上菜單。不錯，九成以法式料理為主，剩下一成是查德風味餐或查德式法國料理。至於價錢，更不負旅遊網站票選第一名的殊榮，幾乎是巴黎價格。舉例來說，一杯咖啡牛奶（比較歐式文青的名稱：咖啡歐蕾）就要二千中非法郎，即台幣一百元。

至於套餐部分，前菜加主菜，或主菜加甜點，兩道加贈一小杯飲料就要一萬二千中非法郎（台幣六百元），若是三道全上，優惠價一萬五千中非法郎（台幣七百五十元），所費不貲。

不過，貴是貴得有道理的，菜單翻個幾頁，這裡居然有賣法式焗蝸牛。當地根本沒人吃這個玩意啊……你得到它了，法國空運來的。雖然是冷凍產品，風味

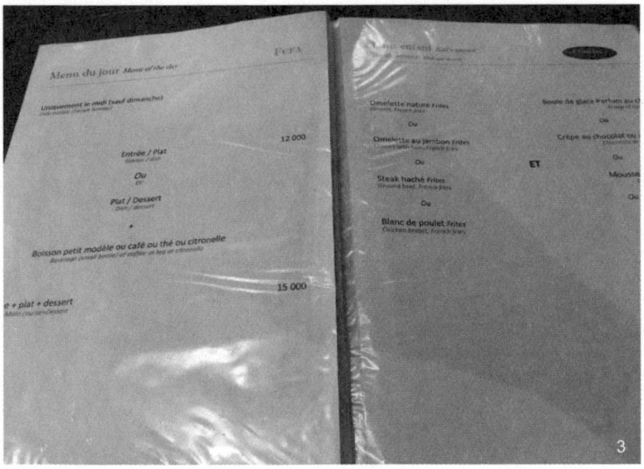

3

1

2

1.2. 吧檯區
3. 有冷氣的室內區

稍差了點，但吃在離鄉背井的法國人嘴裡，想必也是滿滿的幸福與鄉愁吧。

主餐的分量是相當足夠，光看就會讓人飽了。不過那個魚似乎有點焦啊……當然擺盤上也跟正規的法式風格有些落差，但畢竟所有的外來料理，都會跟當地飲食習慣產生相互影響，從而變化出更多嶄新的可能。就像可麗餅，在法國是軟軟的，但到了台灣跟日本後就變成脆脆的，內容物也從簡單的太陽蛋、火腿、榛果巧克力醬，變成有如紅白歌合戰的小林幸子一樣，鮪魚、玉米、大阪燒什麼都出現了！

總而言之，好吃才是最重要的。花園邊餐廳的料理，整體來說算是相當不錯，魚肉有嫩、雞肉不柴，唯一可惜的是附贈的餐前小點肉丸子，口感稍嫌鬆散了些。下次有機會的話，再來點些其他的料理比較比較。

3

魚排

輯三

國際視野下的
查德政治經濟

二十一世紀的天朝？

從非洲與一帶一路看中國的經濟圈戰略（上）

二〇一五年十二月，中國國家主席習近平出席在南非約翰尼斯堡舉行的第六屆中非合作論壇時，宣布將提供非洲六百億美金的援助總額，與二〇〇九年第四屆提供的一百億美金比起來，足足成長了六倍；如果與二〇一五年中國對非貿易總額一七九〇億美元相比，也占了三分之一。

在這六百億的援助金額中，涵蓋了農業、工業、基礎建設、金融、綠能、投資、濟貧、公共衛生、人文、安全等十大項目，一共有約五十個非洲國家與中國合作，換句話說，沒有與中國合作的非洲國家，不到五個。自中國改革開放以來，以世界工廠之姿累積的雄厚資本，成為中國在非洲發展經貿關係的關鍵後盾；然而，自二〇〇〇年第一屆中非合作論壇開始，中國已經成為非洲最大貿易夥伴，這項身分意味著十九世紀以來歐美等「殖民母國」影響力的衰退。儘管中國強調「只做經貿、不碰政治」、「非洲是非洲人的非洲」這類夥伴關係，但依舊引起「新殖民主義」的疑慮。本文試圖從中非經貿發展切入，並且與「亞洲基礎投資銀行（亞投行）」及「一帶一路」計畫結合，以求能較為通盤地掌握中國的地緣政治戰略。

華盛頓共識 V.S. 北京共識：詭異的共存

華盛頓共識，指的是在一九八九年時，因拉丁美洲國家的債務危機，促使國際貨幣基金組織

（IMF）、世界銀行（WB）等以新自由主義為導向的國際金融組織，於華盛頓研討解決方案時所研擬之對策，其主要內容為美式新古典自由主義，透過金融自由化、去管制化，加速資本主義化，輸出美式資本主義，以維持經濟體系之穩定，這項原則應用在東歐等前共產國家，稱之為「震盪療法」。

北京共識則是二〇〇四年時，由北京清華大學兼任教授 Joshua Cooper Ramo 提出，其基本概念來自於中國改革開放的成長經驗，強調「主動創新和大膽實驗；堅決捍衛國家主權和利益。靈活面對，因事而異，不強求劃一為其準則」。他認為北京共識不僅是中國的成就，也是其他開發中國家的更佳參考。

這兩項共識，成為歐美國家與中國在非洲進行經貿與政治交流的準則，也可說是兩種意識形態的競逐。由於華盛頓共識高度介入受援助國的經濟制度，甚至附加政治改革的要件，因此對於非洲各國而言，是一種「具有壓力的善意」。國際貨幣基金組織非洲部副主任 Roger Nord，在二〇一七年四月時便表示，非洲各國必須努力減少本國的赤字，才能獲得該基金組織的金融援助。這種手段，源自於歐美大多數已是民主的國家，國內輿論往往難以容許自家政府協助反民主、反人權的政權存續，故而儘管在地緣政治與國家利益的考量下，有著所謂的「民主假期」，仍會要求受援助國維持表面的民主體制，並且不得任意處決政敵。然而，對於非洲國家而言，這種模式的援助，不得不讓各國回憶起自殖民時代開始的政治與經濟控制，而這種「被迫接受殖民母國繼續指指點點」的厭惡情緒，則被非洲各國統治當局用來壓制國內想促進民主改革的公民社會發展。

在華盛頓共識因一連串的失敗（以二〇〇八年美國次貸危機為最著名的例子）而式微時，北京共識則以開發中國家的模式繼起。中國政府特別針對非洲國家的反殖民情緒，強調不干涉政治、不輸出中國政治文化，只做生意跟提供援助，迅速獲得非洲各國的歡迎，連帶使得貿易總額節節上升。早在二〇一一年時，就以一六六三億美金超過美國，成為非洲第一大貿易夥伴，並持續至今。由於中國並沒有國內對於自由民主輿論的制衡力量，加之援助方式多半是政府對政府、或是由國營及民營企業直接進行投資，因此在實務上是穩定了非洲各國的既有政治局勢，讓當權者得以加強對國家的掌控，在當前的軍閥統治基礎上，同樣意味著對於公民社會與政治異議勢力的壓制。中國經濟學家夏業良便曾批判，「中國『不附加任何政治條件』的對非援助，實際上是對各國高層領導人的賄賂，並容易引起當地人民的抵制。」

弔詭的是，正因為對於受援助國政治結構的要求不同，華盛頓共識與北京共識和平共存了一段時間。以查德為例，中國目前包辦了煉油廠、網路電信設備，並且提供大量的醫療資源與民生用水等建設援助，但法國駐軍仍持續駐紮，且每一任法國總統就任，查德政府都會在第一時間以致意為名，徵求其政治及軍事上的肯認。茲舉一例，查德於二〇〇八年曾遭逢東邊叛軍攻入首都恩加美納，民眾多半相信是因為當時查德總統德比與法國總統薩科奇在難民問題上有衝突，因而法軍刻意袖手旁觀，讓叛軍長驅直入，最後因叛軍內鬨，局勢才穩定下來。

經濟援助的兩種面向：戰略性物資與就業機會排擠

北京共識的具體落實，從經濟援助往各面向的工程建設發展，從而引發不同的反應。初期階段，援助模式偏向期限型、單一的有形建物。麻省理工學院教授 Nicholas Negroponte 接受《紐約時報》記者訪談時指出：「中國的援非項目經常做完就走，除了給當地人留下一條道路或一座體育場外，看不到其他東西。」隨後調整為公衛、經貿等較為長期且持續性的援助，由於有了持續性的互動，許多中國民眾也往非洲各國移入，從進出口生意開始發展市場，並逐步擴展到各種產業。例如納米比亞的中商黃躍權，從紡織商起家，目前已經是太陽投資集團負責人，與該國執政菁英保持良好的密切關係。

然而，隨著經貿關係的蓬勃發展，中國企業為政治服務的特色，也在非洲各國造成爭議。戰略性物資是最顯而易見的面向，例如納米比亞的鈾礦、尚比亞的銅礦、查德的石油等，都可見到中國企業的身影。不僅是當地無法處理的高端資源（鈾礦），由中國企業一手包辦；就連銅礦等一般礦業，也都有中國工人的蹤跡，進而與零售業等其他輕工業，加上進出口業結合成一道「中國產業鍊」，以及中國提供的無息或低息貸款，政府若沒有妥善的規劃運用，長期來看將是沉重的債務負擔。輕則排擠當地人民就業機會，重則妨礙當地產業的發展。

目前在非洲各國的街道或商店中，隨處可見中國製造的廉價商品。這些商品中的部分原料，即是來自於當地。「開採資源—中國加工—回賣非洲」，這種模式，根據奈及利亞中央銀行行長 Lamido Sanusi 在《金融時報》上的說法：「中國買走我們的初級產品，再把製成品賣給我們。從本質上說，這也是殖民主義。」

這種模式能夠在短時間內迅速擴張，主要在於中國提供的無息貸款裡，有著許多附加條款，例如需要使用中國的工人、設備與技術等。「給你錢、幫你做」所隱藏的主詞「我們」，則呈現在與當地文化格格不入的成果上。例如二〇一七年完工的肯亞蒙內鐵路，連接首都奈洛比（中國譯為內羅畢）到港口蒙巴薩，全長四八〇公里，中國出資貸款三十八億美元、中國興建完成，駕駛與工程師也都以中國人為主，遭到當地媒體批評：「整輛列車看起來就像中國搬過來的，連介紹手冊都是用中文寫。」

對於這種「不接地氣」的現象，中國學者陳雪飛曾以非洲五國（奈及利亞、安哥拉、尚比亞、辛巴威和南非，都是和中國有密切經貿往來的國家）媒體為母體，統計中國援助在當地人眼中的形象，發現如下特色：一、中國訊息以經濟類為大宗；二、中國企業不守當地法令、中國商品價低物劣；三、對於中國的援助，獲得的讚揚大過於批評。

其中尤以第二項特色，證實了西方媒體「新殖民主義」的批判，但是在現階段，非洲人民仍受到「舊殖民主義」的影響，以及「新殖民主義」中不干涉政治的原則，導致對於北京共識的評價仍高於華盛頓共識。然而，如果不能有效解決中國企業在當地觀感不佳的形象，隨著中非合作論壇「中方也將在產業產能轉移、基礎設施建設、人力資源開發、投資貿易便利化、綠色發展、金融服務、和平安全等領域提出一系列重大合作計畫」的方針下，全面性的投資必然導致全面性的反感。畢竟在二〇一三年時，包括查德、奈及利亞等石油國，就曾對於中國石油天然氣集團直接將原油排入溝渠，又要求當地工人在未穿防護裝備的情況下進入清除，強硬祭出關廠手段。一旦政府鼓動民間的反中情緒，對於在非洲全境已經超過一百萬的中國人口而言，出現排中浪潮並不是不可能。

二十一世紀的天朝？
從非洲與一帶一路看中國的經濟圈戰略（下）

亞投行、一帶一路與非洲的連結

相較於與非洲的長期發展結盟關係，中國與近鄰的亞洲國家，因歷史恩怨與民族主義的糾葛，而顯得複雜許多，諸如越南、日本、南北韓、台灣、俄羅斯等鄰國，都有領土或相關爭議；特別是在後冷戰時期資本主義化後的劇烈經濟成長，深深影響東亞地區的地緣政治發展。另一方面，近年來面臨國內市場逐漸飽和，過剩的產能亟需新市場，透過維持類似水準的經濟成長，緩和國內的經濟壓力與貧富矛盾。亞投行與一帶一路，便是這類政治經濟目標下的產物，而這兩個產物，並非是單獨個別出現，而是有著總體戰略的背景在。本文因著重在非洲，故將較為強調「海上絲綢之路」的一路部分。

亞投行的倡議首度出現於二〇一三年，中國國家主席習近平訪問印尼時所提出，目的在於「向亞洲各國家和地區政府提供資金，以支持基礎設施建設之區域多邊開發機構，促進亞洲互聯互通建設和經濟一體化進程，並且加強中華人民共和國及其他亞洲國家和地區的合作」。

以資本主義的國家發展經驗來看，一個國家要從低度開發國家往已開發國家邁進，除非有著先天上的優勢（如地理位置），否則必然要從第一級產業開始，經過勞力密集產業的階段，進而往高附加價值的產業轉型。在這些階段中，共同的必要條件就是基礎建設——水電設施、鐵公路、港口與機場——沒有品質優良而穩定的基礎建設，不但國內外的原物料與商品進出口不易，也很難有效促進人才與資金的流動。

而在亞洲的環境裡，東南亞與中亞國家，是基礎設施最不足的區域，由於單一國家缺乏能量進行改善，貧乏的基礎建設又導致了資源累積不易，形成惡性循環。因此，亞投行的構想，就是以中國為首，集合世界已開發國家的資金，投入這些對基礎建設有需求的國家。對前者而言，過剩的資金找到宣洩出口；對後者來說又能在短時間內帶動內需市場；以全球範圍來說，則是要維持經濟成長此一資本主義存在必要條件的必要方式。

至於中國，透過主導亞投行，得以增強自己在整個亞洲地區的影響力，形成區域霸權。與非洲的模式相同，中國不只是單純的放款，也負責建設，並且在建設的過程中，引入中國的技術、人員，進而是民間投資；此外，亦收集當地的相關資料，做為國家外交決策的參考。

與亞投行同年提出的「一帶一路」計畫，有著濃濃的「中華民族偉大復興」象徵意義。漢代的絲綢之路與明國的海上探索，是中國歷史上以漢人為主體，規模最大的兩次對外發展，習近平在此一基礎上加碼，將這兩條路線透過雅典、威尼斯、鹿特丹串連起來，成為結合與超越漢明的政績。對於改革開放逾三十年，面臨經濟轉型而成長放緩的中國而言，也有著重要的「保持成長」意義。

然而，與漢代絲綢之路的接力方式（例如商品從洛陽運到敦煌，由西域商人購入後運到樓蘭，再換他國商人購入運到遠方）以及明國鄭和蜻蜓點水的最大差異，在於一帶一路將主要由中國一肩扛起。根據亞洲開發銀行估計，二〇一〇年至二〇二〇年間，亞洲國家要想維持現有經濟增長水準，內部基礎設施的投資至少需要八兆美元，平均每年需投資八千億美元。即使是中國，在二〇一七年加碼投注給絲路基金的數額，連同設立金額在內，也不過一千四百億美元。這也是亞投行最重要的角色所在。

綜合亞投行與一帶一路的倡議理由，顯而易見的是，中國在宣傳上延續著「北京共識」的基調，強調互利共榮、經濟發展，並且尊重各國的政治不加干涉；另一方面，其投資的方式，也和中國在非洲的合作經驗類似，而且規模更加強大。所不同之處，在於海上絲綢之路更著重在從中國到東非的航線，以確保中國能透過經濟影響力，不但更順暢地進出口貨物，也強化沿線各國對中國的依賴程度。

然而，此一戰略計畫在實行上的最大問題，核心仍是沿線各國對於中國的觀感與歷史糾葛。以海上絲綢之路為例，中國與巴基斯坦合作成立中巴經濟走廊，是串連起東南亞與東非的重要據點。由於該計畫經過印度與巴基斯坦有主權爭議的喀什米爾地區，引發印度抗議，甚至公開表示參與一帶一路計畫將會帶來無法承受的債務負擔。

從二〇一七年五月的一帶一路高峰論壇，一百三十多國與會，卻只有三十國簽署公報，不難看出，財務、主權以及更細節的採購是否透明等，都引起了與會諸國的疑慮，擔心這些商機將會被中國企業占據大半，讓其他國家看得到、吃不著。

另一方面，與在非洲遇到的困境相同，一帶一路的基礎建設，到底是中國要的，還是當地要的？以斯里蘭卡為例，中國在該國的可倫坡港直接投資十四億美元，透過國營企業招商局港口控股公司買下該港八〇%股份，並且以九十九年的期限向斯里蘭卡政府租借港口與周邊約六十平方公里之土地做為工業園區（當年英國也是以同樣的期限向清國租借九龍半島與新界地區，被視為是殖民主義的展現，極為反諷的巧合）。除了斯里蘭卡之外，包括緬甸的皎漂港、巴基斯坦的瓜達爾港都是類似的情形。

這些一帶一路計畫中的重要港口，實質上是為了鞏固中國運送戰略性及其他重要物資，做為轉運及補給的角色存在。據中國招商局的資料，這類港口目前一共有四十九個，總投資額超過二十億美金。這些港口如果連成一條線，最重要的終點站，莫過於東非小國吉布地的同名港口。由於該港是從阿拉伯半島進入蘇伊士運河的要衝之地、與東非最大經濟體衣索比亞及海盜盛行的索馬利亞相鄰，美軍與法軍都在此處設有海軍基地。而中國，雖然一再強調僅是後勤用途，但也於二〇一六年在此處設立史上第一座海外軍事基地。

一旦此座基地完成，中國將大幅提升以東非為據點，在非洲與阿拉伯半島的地緣優勢，並且以衣索比亞為起點，經由阿吉鐵路（阿迪斯阿貝巴—吉布地）、坦尚鐵路（坦尚尼亞—尚比亞）、蒙內鐵路（肯亞境內）、本格拉鐵路（安哥拉境內）、阿卡鐵路（奈及利亞境內），串連起中非、西非與南非重要國家的首都及港口，將海上絲綢之路延伸到非洲西岸及南岸。這些國家所蘊藏的天然資源，將更容易提取及出口，目的地則是中國；反之，中國則可以透過國內的產品，一一投放到海上絲綢之路的沿線國家，將中國市場擴展到南海、印度洋、直至非洲。

結語：新殖民主義與天朝再現的陰影下，台灣的應對之道

如果將世界地圖攤開，把一帶一路的規劃套進去看，不難發現中國試圖透過援助與開發基礎建設，介入沿線各國的經濟發展，並且鼓勵中國企業與人員在當地建立據點。而這些重點國家或是願意大力配合的國家，多半有兩項特質：經濟情況不佳、以及並非是成熟的民主國家。儘管一再強調無涉該國政治、僅以經濟發展為主，但從非洲的實例來看，中國以戰略物資及基礎建設為優先的各項投資，實則是藉由租借或貸款的方式，收集該國相關數據、進一步掌握經濟命脈，並且在此過程

中，輸出中國民眾經營民生產業，讓中國產品更迅速地進入該國市場。

正由於不成熟民主國家的特質，讓中國宣稱的「不介入政治」，其實是直接攏絡統治菁英，並且在缺乏公民社會的制衡下，輕易地取得目標成果。再者，掌握經濟，對政治的影響力自然不言而喻。昔日的天朝模式，不也是由中國承擔起貿易的逆差責任與軍事義務，換取朝貢國的政治順從？與今日的中國相比，恐怕只少了一道冊封國王的程序吧。一帶一路的終極願景，或許是建立起從東亞到西非的「中國經濟圈」，在美國川普政府對「世界責任」逐漸縮手時，無疑是最好的時機。

但此一願景所面臨的最大挑戰有三，內部是亞投行能否順利籌到足額款項，不僅中國人民銀行副行長易綱接受《人民日報》專訪坦言「迫切需要國際社會支援」；巴西日前也通知亞投行，認股數額從原本約三萬二千股，大幅降低至五十股，此舉是否會引發連鎖效應，值得觀察；第二，是國際政治中的非經濟面向，例如印度、巴基斯坦跟中國的主權爭議，以及一向將中亞地區諸國視為勢力範圍的俄羅斯等，都會對一帶一路的發展投下變數；第三，是中國自己的經濟發展，根據中國商務部的資料，中國對非洲的進口額，二〇一五年與二〇一四年同期相比，大幅下降三九・一％，需求減少加上產能過剩，勢必影響對非洲的整體投資計畫，進而與戰略目標產生連動關係。

至於台灣，從亞投行到一帶一路，國內多針對是否應該加入以及如何加入有所爭論，但鑑於中國對台灣的政治目的，在中國主導的局面下，即便要以「中華台北」或「台澎金馬實體」這類國際慣例之底線加入，機率都微乎其微。與其以犧牲主權為代價加入上述倡議，不如反向思考，成立由民間主導的官民合營公司，針對東南亞或非洲的重點國家，進行民生產業投資，政府及民間都可藉此公司派遣人員進行實戰訓練、掌握國際最新脈動，增加人才競爭力；亦可透過此公司做為據點，與該國發展良好合作關係，並提升台灣國際形象。

本文完稿之際，適逢巴拿馬宣布與中華人民共和國建交（二〇一七年六月），該事件不僅是台灣在中美洲最重要友邦斷交，更是再一次證實川普政府對於美國國際角色及「道德義務」正在向內調整，以致台灣在這變局之中，成為中美關係互動下的被迫接受者之一。

台灣與中國在經濟規模上的落差是客觀事實，無須勉強齊頭競爭；關鍵在於發揮台灣的長處與技術，在特定領域中建立起無可取代的競爭優勢，進而增加自身在國際政治中的議價籌碼，才是長期發展的正確方向。

中國資助建設的查德國家婦女館

警察臨檢的天堂：查德

前一陣子，李永得穿拖鞋跟短褲在台北轉運站被警察不當臨檢的事情，從媒體到臉書，鬧得沸沸揚揚，有些惡質的媒體，連李永得的牽手邱議瑩都抓進來一起批評；網路上某些使用者更以為匿名就不會被發現，什麼人身攻擊的話都說出口了。

其實這種「有牌流氓」般的「治安維持行動」，是從戒嚴時期流傳下來的「優良傳統」。不是很多老一輩的人還在懷念兩蔣時代「治安良好」嗎？因為那個年代，警察就是連你穿拖鞋上街都要管，一九八六年以前的《交通處罰條例》，可是明明白白地規定汽車駕駛人穿拖鞋要罰錢的啊：

第36條（汽車駕駛人之處罰——未依規定穿著）

汽車駕駛人駕駛汽車，有左列情形之一者，處五十元以上、一百元以下罰鍰：

一、赤足或穿木屐、拖鞋者。

二、僅著背心、內褲者。

三、營業客車駕駛人未依規定穿著制服者。

這件事情，姑且不論比較抽象的人身自由與警察職權的衝突與限制，從後續的各方反應來看，特別是老一輩的警察，用「威權思想殘餘」來形容，倒是沒什麼不妥。與其說直覺反應穿著會跟犯罪嫌疑有正相關（那柯南也不用混了），還不如說就是「覺得」當事人有鬼。執法代表對於法律的理解沒有與時俱進，就會出現這種事。

那麼，這跟查德有什麼關係呢？先說結論，習慣威權時期盤問方式的警察，絕對會把查德當天堂。

先從拍照這件事情說起，一直有朋友跟我反應，希望我能多拍些照片。但不是我不想拍，是很難拍啊！

為什麼？兩個原因：一、這邊治安不好，拿手機走在路上被搶的機率很高；二、你要是不小心被警察或軍人看到，恭喜，你馬上會被包圍。

我一直強調，查德是一個政局不穩定的國家，即使現任總統德比維持了約二十七年相對的「國內」和平，但一下有北邊利比亞的紛爭、一下有東方南蘇丹難民的安置問題、一下又有神出鬼沒的博科聖地自殺炸彈攻擊，造就這個國家處於風聲鶴唳的危機感。前幾天才聽聞有其他公司的車輛在路上被軍方攔下來，說違反規定。

違反什麼規定？「車窗隔熱紙太黑，看不到裡面」，違規。

最後當然是先繳一筆脫身費用，再乖乖找人把隔熱紙剝下來。這個規定可不是查德軍方隨口唬爛的，是真的怕車上有自殺炸彈客啊。

而一般在大街上，除非你有獲得對方的允許，否則最好不要特別對著人拍照（當然這邊有點拍照技巧，人不要當主角，「恰巧」入鏡就好），要是被發現，很可能會衝上來要求你把照片刪掉。他們擔心你是間諜，來刺探什麼事情。在室內或取得同意或在車上隨拍，相對就比較沒什麼問題。

一般人如此風聲鶴唳，像不像戒嚴時期的台灣？這裡還是有搶案、還是有貪汙，只是你做為一個小老百姓，媒體上看不到，政府都告訴你國家好棒棒，只要努力生活下去其他不要管。既視感超

台灣橋，是台灣和查德仍有邦交時協助修建

強的呢。

那如果你拍照被軍人或警察發現，恭喜，不管你在車內還是走路，立刻就好幾個拿 AK47 的圍上來，根據 SOP 來處理你：

一、威嚇。

二、把手機拿出來檢查。

三、有違規照片就刪掉，沒有就直接進入步驟四。

四、叫你拿一筆「贖機費」，大概一萬中非法郎（約台幣五百元）。

這個時候，可不像在機場還可以裝傻，你閃不掉！這可是某同事的親身體驗，他就是剛到查德的時候很好奇，在街上拿起手機想照相，鏡頭剛好對到軍人，又剛好被軍人看到！那麼，最後是怎麼收場的呢？這個運氣就真的很好啦，同行的另一個同事，正當覺得裝傻裝到快撐不下去時，圍著他們的軍人比了比手勢說：「smoke？」同事見狀，立刻掏出香菸奉上，還拿賴打幫點火。於是軍人就揮揮手，走了。

對於拍照的敏感，可不只是查德當地人，甚至連外國人都感染到這樣的氛圍。話說某個周日，正當大家上網發呆殺時間時，警衛忽然開門，來了兩台不認識的吉普車。接著大約七個警察跳下來，仔細一看乖乖不得了，不只是查德軍方，還有美國使館警衛啊！一問之下，才發現是公司隔壁的別墅主人報警，說我們公司有人在拍他的房子、刺探機密。接著是一陣人仰馬翻，在場人員應要求把手機拿出來給對方檢查，發現是誤會一場。解釋完後，查德軍方跟美國使館警衛就上車走了。

根據同仁們的討論，應該是有人在拍公司附近的一處小湖時（其實原本是垃圾坑，雨季之後就變成湖了），由於方向相同，所以讓別墅的美國人以為在拍他……。

所以啦，我很盡力的在偷……啊不是，是盡力的找機會拍照，只是難度真的不低啊！

話說回來，這樣的國家，是不是很適合擁有威權思想的警察呢？根本像天堂吧？但問題是，你好好一個民主的台灣，為什麼要跟一個用政變來更替政權的國家比啊？還是說這種警察的水準，只配得上這種政局不穩的國家？

題外話，如果你有在玩寶可夢Go，除了因為治安不好，沒辦法在街上趴趴走之外，就算你可以拿著手機趴趴走，你也只能孵蛋，這裡幾乎沒有補給站，某次有同仁硬是不信邪，請司機開車到處晃，好不容易才在國會大廈附近找到全恩加美納，甚至是全國唯一的一個補給站……。

獨立是一種志氣：查德人的心聲

查德的窮苦與貧困，在之前許多的文章中都有所提及。獨立近六十年，整個國家仍舊處於世界低度發展的前段班，至目前為止，都市地區仍有近半數人口沒有自來水與衛生設備、全國近四五%人口是活在貧窮線水準之下、平均壽命只有五十歲。

這樣的情況，讓我想起一個台灣人很耳熟能詳的問題：「如果繼續讓法國殖民，而生活條件比現在好的話，查德人會接受嗎？」

查德的同事一聽，立刻搖頭：「不會。」

「為什麼呢？查德從獨立以來，其實整個國家的狀況都不太好不是嗎？如果說繼續讓法國統治，或許生活條件會比現在好很

多？」

「或許會這樣沒錯，但我們查德人不喜歡他們介入我們的政治。從以前到現在，查德的總統都要經過法國的同意，才能當總統。我們不喜歡這樣。」

「所以法國對查德的影響力還是很大？」

「很大。」

「那查德的菁英去國外留學，第一選擇也是巴黎囉？」

「對，但有越來越多人去美國或英國了。」

這讓我想起之前在札庫瑪時，跟司機兼導遊史邁爾的閒聊。

史邁爾：「這幾年來了很多中國人，我不是很喜歡，雖然他們帶來很多工作的機會，但我不喜歡他們對查德人的態度。」

我：「那法國呢？法國的影響力還是很大嗎？」

史邁爾：「沒有了，法國已經要被中國取代掉了。中國來這邊蓋公路、建水井、煉油廠、網路設備……這些雖然是好事，但我們的基礎建設也這樣被他們掌握了。華為的設備會監控訊息，這個我們都知道，但是現階段就是沒辦法。」

傳統殖民母國跟新形態的天朝主義，在查德激盪出的火花，造成人民觀感上差異，的確是相當有趣的主題。中國跟非洲的合作關係可以追溯自上世紀五〇年代，當時中國以第三世界的友人姿態，與非洲國家發展政治結盟關係，其成效在台灣人耳熟能詳的聯合國二七五八號決議中得到展現，當時支持由中華人民共和國取代中華民國於聯合國的中國席位，非洲國家約二十幾國投下贊成；支持中華民國的僅十國左右。

在中國改革開放二十餘年，發展一定程度的經濟實力後，對非洲的來往關係改為以經貿援助為主。自西元二〇〇〇年起，每三年就會舉辦一次中非合作論壇，藉此發展雙邊的經貿關係。中國政府特別高舉「不輸入中國政治文化」、「非洲是非洲人的非洲」等大旗，刻意營造出與西方殖民模式的差別。由於不干涉當地政局，因此廣受非洲各國當權者的歡迎。

1. 查德獨立日遊行
2. 與裁縫師合影
3. 與當地員工合影

3

2

近三屆（二〇〇九—二〇一五）的援助金額，更是從一百億美金大幅增長至六百億美金。然而，隨著重點援助項目日益集中在戰略性物資與基礎建設上，隨著援助項目一同前來的中國工人商人，對當地就業機會與製造業產生的排擠效應，也開始引發當地人的反彈。其中又以「輸出原料—中國加工—回賣當地」的生產模式，招致「新殖民主義」的批判。

說到中國，查德同事的想法則跟史邁爾不太一樣。

查德同事：「現在查德的年輕人對中國的看法比較微妙，一方面是因為他們提供援助，但不會像法國那樣介入我們的政治，所以有些人對中國的印象比較好；但是也有人認為中國的作法，其實是在穩定查德現在的政治，也就是比較獨大的體制，因為他們的援助，幾乎都是直接提供給政府，所以一般人民能受益的，除了水井或道路之外，並沒有什麼太大的感覺。工作機會一開始有，但越來越多中國人來這裡，也影響了查德當地人的就業機會。」

「所以年輕人對中國的觀感也是有正有負？」

「不過這個方面，一部分也是我們查德年輕人自己的問題，特別是有接受過高等教育的人。他們多半認為自己是國家的菁英，不願意去做太基層的工作，對工作的待遇也很要求，導致一直沒有工作。但是查德現在的狀況就是沒辦法提供你太多的選擇。而且法國的統治並不好，你看法國在世界許多國家的殖民地，都是經濟不太好。」

「既視感好強……」

「？」

「喔沒有啦，那我有另一個問題，如果不是法國那麼糟的殖民統治，換成英國、美國之類，查德人會接受嗎？就是放棄獨立建國，當這些國家的一個州或屬地？」

「會有人這麼認為，這也不是不能理解，因為我們國家真的很窮。但我自己是覺得，就算是這樣，我還是希望查德是一個國家。我們才能和其他國家的人平等的往來。」

「也就是說，獨立是一種志氣？」

「對，就算我們的經濟不好、社會也不太穩定，但我相信這些會慢慢變好，而我們是一個與其他國家有相同地位的國家，是最重要的。如果你當了其他國家的一個州或是一個省，就算經濟情況比現在好很多，但你終究不會是自己的主人。查德人想當自己的主人，不是其他國家的國民。」

言論自由在查德

二〇一七年四月七日，是台灣首度以國家層級，透過紀念為了台灣獨立而爭取百分之百言論自由的鄭南榕，來提醒社會大眾，自由的空氣並不是與生俱來的。在歷史上的絕大部分階段，言論自由都是個高遠的理想，甚至是夢想。至今，世界上仍有許多國家的人民，無緣享受真正的言論自由；也有許多國家的人民，努力爭取真正的言論自由。

查德，就是正在這條道路上的國家。

自一九六〇年獨立以來，政變頻仍，內憂外患不斷，局勢的穩定成為查德與相關外國勢力最首要的目標。隨之而來的必然結果，就是自由的限縮。自從現任總統德比於一九九〇年透過政變上台之後，查德獲得二十餘年相對穩定的和平，社會各方面也開始漸次發展，言論自由，也是其中一環。

早年的時候，查德對於言論的控制仍舊十分嚴密，總統與其家族不能批評、沒有奠基於事實的評論不能刊登、有挑起族群矛盾之嫌的言論也是禁區。這樣的原則，其實就是統治者利益與國家歷史背景的結合。

根據一九九六年的查德憲法，第二十七條明文規定：「所有人都能享受思考自由、表意自由、溝通自由、信仰自由、宗教自由、新聞、結社、團結、遷徙、抗議、遊行自由。」同條下半段的但書，「這些自由只能在尊重他者的自由及權利、維護公眾秩序與善良風俗的前提下予以限制。」

1

1. 查德當地的幾家報章媒體
2. 談論新憲的報紙
3. 痛批總統德比的報導

3

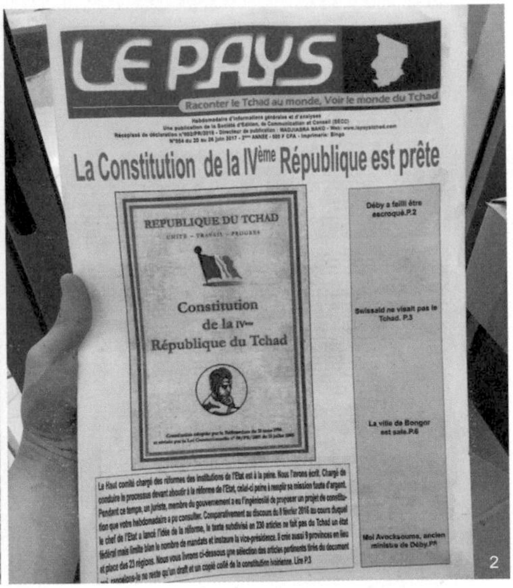

2

以上大約就是中華民國憲法第十至十四條，以及第二十二及二十三條的規定，內容也無甚差別。不過好玩的是，台灣戒嚴時期的政府玩法，跟查德目前的方式頗有異曲同工之妙。

根據當地同事的訪談，舉例來說，所謂「沒有奠基於事實的評論」，翻譯成白話文就是「沒有明顯到賴不掉的事實證據，都叫做『沒有奠基於事實』」。因此，某某立委跟某某非配偶異性去摩鐵過夜，不能評論，因為你沒有用過的衛生紙或影像證據；某某部長的家族親戚明明無業卻開名車，不能評論，因為你沒有拿到他買車的金錢來源。

如果你硬是要報導，會怎麼樣呢？

政府有一個部門負責處理這種事情：ANS（Agence nationale de sécurité），類似美國的FBI、台灣的調查局。每天就是盯著各間媒體雜誌，收集輿情跟編列注意名單。

插個題外話，查德當地的媒體雖然不多，但也有幾間比較知名的，立場也各不相同。例如《進步報》是每日出刊，立場親政府，常刊載政府文告；半月刊《恩加美納》，立場就比較批判政府，曾有一篇標題是〈德比你夠了喔！〉的文章批評統治者。以物價比例來看，查德的報章雜誌普遍偏貴，一份從一百五中非法郎（台幣七．五元）到五百（台幣二十五元）都有，內容頂多就四到六大張，連個蘋果A版的一半都不到……。

這些報章雜誌的販賣方式也很有趣，大致有三種：第一種，直接訂閱；第二種，小販批貨後在交通要道叫賣；第三種，定點販售。由於市場不夠支撐大量印刷，因此主要集中在當地少數的大型超市與「藥局」門前販售，就像台灣有些書店會在百貨公司裡一樣，人潮較多的緣故。

一旦ANS覺得你太超過了，就會出手干預。干預的方法跟國民黨也很像：找記者、總編輯或報社老闆聊聊、「深談」一下；要是這招沒效，那就改成罰錢；罰錢還不怕，那就把你關起來。至於這些有法源依據嗎？不需要有。真的要搬一個，那就是國家安全跟族群和諧。

不過也僅止於此，查德政府不會讓你從人間消失的。從這點看來倒是比國民黨進步些。當然，這跟當政者的意志有關，德比總統相較於剛上任之初，已經漸漸地放寬紅線，目前的政策方針大概可以套用一句周星馳的台詞：「公堂之上不准提老木。」

換句話說，就是你可以批評政策、但是不能碰到總統跟他的家族。

另外一條明確的紅線，則是挑起種族對立。由於查德是一個被人工定義出來的國家，境內有兩百多個族群存在，也有不同的宗教信仰。當年的豐田戰爭，簡單說就是北方部族結合利比亞勢力，與結合法國勢力的南方部族內戰。因此任何可能造成種族對立的言論，都會挑起當局敏感的神經。

以現況而言，查德的新聞工作者也有自己的組織來爭取權益，比較有名的就是UJT（Union Journale Tchadienne）。這些新聞工作者的團體也有通過類似編輯台公約的宣言（Déontologie du Journaliste Tchadien），持續為爭取新聞自由與言論自由而努力。

最後，我問當地同事，查德有沒有類似鄭南榕這樣，為了爭取言論自由而犧牲的烈士？

他想了想，搖搖頭說：「沒有。」

「因為這個國家三不五時就在死人，不會因為一個人爭取什麼而死就特別去紀念他。」

從中國國家副主席訪查德談起

二〇一七年五月，中國國家副主席李源潮拜訪查德，與總統德比舉行會談。會中雙方除重申二〇〇六年復交（一九九七—二〇〇六年查德與台灣有邦交）以來的邦誼不變，也強調中查對彼此都感到十分滿意。李源潮此行當然不會空手而來，在與德比的會談中，提出中國將持續加強在能源、交通、健康、教育等面向的合作，並將前往拜訪位於首都近郊的迪嘉馬雅（Djarmaya）石油精煉廠，該廠由中國於二〇一一年協助設立，目的在於確保查德的能源自給自足並提升在石油市場上的競爭力。

回顧中國近年對查德的援助，能源方面以迪嘉馬雅的石油精煉廠為代表；交通方面則已於首都興建六座陸橋紓解交通；教育方面斥資六億中非法郎（約三千萬台幣）成立國家婦女館，並提供一千四百萬中非法郎（約七十萬台幣）給恩加美納大學提升效能；健康方面，援助一億中非法郎（約五百萬台幣）在全國十六座城鎮興建飲用水水井，並提供五千噸白米。

能源、交通、教育、健康，這四個面向不只是配合查德當地的國情需求，也凸顯出中國的援助方式，是有著全面性的戰略思考。相較於過去偏重攏絡權勢階級，以買辦方式介入、發揮影響力，中國的外交策略已越來越強調「由下而上」，最終目的著眼於「從民心包圍政治中樞」，以便於日後無論是何黨何派何部落上台，都只剩下必須依靠中國這條路。

所謂「民心政治」，即是以中國政府名義直接協助各項民生基礎建設，讓中國深入基層人民的日常。例如上文提到的水井，是鄉村地區賴以為生的重要設施，除中國外，亦有聯合國等其他國家協助設立，並於設立處立牌，上頭漆有查德國旗與援助國國旗，以為友好紀念；至於國家菁英的互動，則是透過教育交流，一方面提供留學名額與補助，吸引該國菁英前往中國就讀；二方面與在地大專院校合作，提供教師與資源，為留學做準備，此項交流甚至可拓展成從小學到大學留中的一條龍模式。

從國際政治層面來看，查德的例子背後代表的，是中國跟法國兩強間的競爭。查德自殖民時期到建國迄今，一直仰賴法國在軍事、經濟等各方面的協助，並且以支持法國在中非的軍事行動做為回報。但受到國際金融情勢、法國國內經濟疲軟，以及中國改革開放等影響，中國在查德的影響力日漸增強，已有超越法國的評論出現。查德雖然窮困，但擁有石油、鈾礦等重要戰略資源，法中在此處的較勁，影響的不只是一個邦交國的數字而已。

然而，儘管在策略上日趨靈活，但是否真的能拉攏查德民心，還有質疑空間。最重要的原因，就在於「心態」。查德人民雖然看到黃種人就直覺聯想到中國人，但評價卻高不到哪裡去。由於到查德的中國人日益增多，但多半帶有「天朝上國」的優越心態，以經濟發展程度做為優劣判準，造成查德人的反感；再者，查德菁英階層也深知，能源業與通訊業（查德兩大電信公司都是用華為的設備）都被中資介入，代表著何等嚴重的警訊。這些都會是中國想進一步拓展勢力的隱憂。

初探中國在查德的援助項目，或許也能對身為小國的台灣有一些啟示。國與國之間的交往免不了爾虞我詐，但回歸到基層之間的交流，則可以有更多的誠與信，以及平等。若想要交心，金錢、技術、設備等物質之外，心是更重要的，你怎麼對待別人，別人都會點滴在心頭的。

從在地牙刷Moussouak談經濟發展與愛心慈善

在查德市集區，不時可以看到小販賣著各式各樣的商品，有清潔用品、切好的西瓜、沒有冰鎮的魚、沙發、重複利用寶特瓶裝的果汁……，但其中有一種特別有趣，只見小販拿著一捆約半隻手臂長，大小約介於棍子與樹枝間的「木材」在街上兜售。是拿來生火嗎？不是。是拿來當玩具嗎？也不是。

這是當地的多功能牙刷。從一種名為「穆蘇瓦克」（Moussouak）的樹擷取而來，依大小計價，小枝五十中非法郎（約台幣二・五元）；大枝一百（台幣五元）。更有趣的是，這玩意一般都是男性使用，女性是不會拿這個來清潔牙齒的。

把這玩意拿近鼻子聞聞，會有一股淡淡如樟腦的香氣，但沒有那麼刺鼻。使用方式也很簡單，就是跟牙刷一樣，塞進嘴巴裡跟牙齒進行親密的磨蹭接觸；由於樹枝的不規則形狀，還可以順便剔牙。咦？不是說多功能嗎，其他的功能是什麼

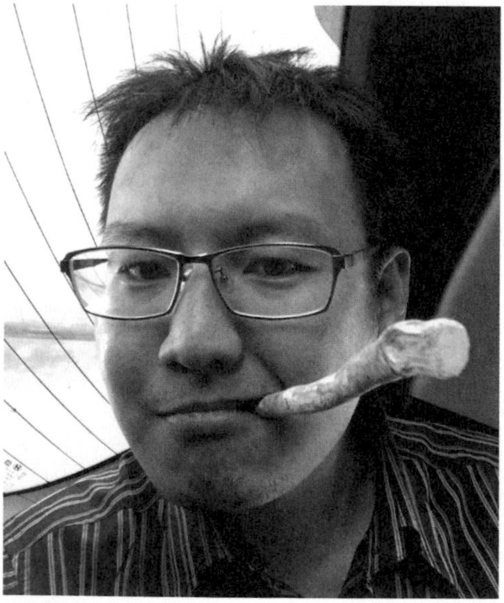

叼牙刷

呢？

當口香糖。

因為這種樹枝比較有彈性，查德人有時候會將它沾點水，然後放進嘴裡嚼，訓練牙齒強度，也能夠殺殺時間。算是相當經濟實惠又有效益的自然產物。那麼除了穆蘇瓦克，有其他的牙刷嗎？

有啊，就是自己的手指。許多查德人往往將手指沾水後，就放進嘴巴裡開始刷牙。我知道很多人會半信半疑地問，我們所熟知那種塑膠牙刷呢？當然也有，但全部都是國外進口的高級貨，社經階級比較高的當地人或外國人，才會在商店裡購買這玩意。一般當地人可能因為習慣，但更可能是因為沒錢，所以選擇這種自然的方式（商店裡的牙刷是穆蘇瓦克的十倍以上價錢），當然更不用說牙膏了。

另一方面，這種自然牙刷讓我想起，前幾年有個新聞，大意是說有間鞋商 TOMS 推出「慈善計畫」，消費者買一雙鞋，鞋商就送一雙鞋給非洲及其他地區的貧民。當時大受歡迎，歐、美、亞洲國家消費者心想，利人又利己，何樂而不為？而根據統計，自二〇〇七至二〇一五年，八年來已經累積送出一千三百萬雙鞋。換句話說，鞋商賣了一千三百萬雙鞋。業績相當可觀。

然而，為什麼這樣的愛心模式，會遭到批判呢？答案主要有兩個，第一個，是鞋子相較於其他民生必需品，是比較次要的。這樣的批判其實還好，第二個批判，才是比較嚴重的問題。

這樣的愛心模式，實則是扼殺了當地的產業發展，進而影響經濟成長。怎麼說呢？從最基礎的經濟學原理來看，有需求，才會有供給。換句話說，當地社會需要各種商品，就會出現提供各種商品的商人。像查德這樣的低度開發國家，主要出口大宗仍是以棉花和石油等原物料為主，如果想要更往前一步，重點在於要讓輕工業開始發展。

如果以台灣做為比照的話，大概就像日本統治時期，以茶、糖、樟腦做為主要出口貨物，然後主要民生用品如面速力達母、虎標萬金油都是從日本、美國，甚至東南亞國家進口；到了二次大戰結束後，開始出現綠油精、中國強等自有品牌，再到現在大家熟知的遊艇、高科技產品等精密組件或奢侈品產業，甚至是軍武等重工業。

在這個過程中，國家雖然能夠扮演非常重要的角色（相較於英美法等老牌資本主義國家，越後進的國家越是如此，如所謂的亞洲四小龍），優先將資源撥給戰略相關產業，然而也必須顧及民生等輕工業產業一定程度的發展，以維持社會穩定。如果民生產業都被外國企業壟斷，那麼對於國家經濟的正常發展，會有非常大的傷害。

以查德的狀況，由於地處內陸、交通不便，政局又不是十分穩定，除了石油業，其他外資投資意願不高，於是各項用品，特別是好一點的民生用品，幾乎都是外國進口，尤以法國家樂福為大宗；本地私人資本通常又不足以開設工廠，於是國內就業機會自然無法成長，整個國家經濟就停留在第一級產業階段。

回到之前提到的鞋商，假設他們在查德送出一百萬雙鞋，就意味著搶走一百萬雙可能由查德鞋商自己賺取的利潤，以及這背後相關的就業機會。當然，一百萬這個數字是個假設，但的確會造成這樣的後續效應。跟其他外國進口商品比起來，由於外國商品有其價格門檻，會在市場上造成分眾效應，影響反而沒那麼大，因為買不起外國貨、但可能買得起本地貨的人，還是有消費意願；免費的鞋子，就會把消費意願整個取消掉。

簡單來說，買鞋送鞋的「慈善」之舉，就像給魚而不教釣魚，自然不是一個好的方向。是說刷個牙也能想到這裡來，這樹枝都快被我啃爛了！

查德公民社會的困境

公民社會是一個國家自由的活力指標，公民社會越蓬勃發展的國家，意味著越能夠由人民自主填補政府無法（無論是主動或被動）治理到的空白地帶，也代表著對於國家的互動是越平等，甚至占有主動地位。然而，基於國家／公民社會在各自利益有著本質上的衝突，前者運用合法體制以滲透、操縱、控制後者的嘗試未曾一刻停歇。以中非國家查德的現況為例，不但使台灣人有著濃厚的既視感，也提醒著台灣的公民社會，有些核心議題將會由國家不停地換裝重現，不可不防。

查德在十九世紀末成為法國殖民

查德國會大廈

地，儘管在一九六〇年獨立，但因內政導致的族群衝突，開啟了長達三十年的內戰期，法國與利比亞亦曾軍事介入，直到一九九〇年由現任總統德比政變上台之後，才維持了相對穩定的二十餘年和平時光；唯因近年來石油價格走低，導致極端仰賴石油出口的經濟疲軟，引發公教系統不時罷工抗議；境內查德湖區又有聖戰組織博科聖地盤踞，不時侵襲查德駐軍，導致雙方人員傷亡。

凡此種種，都為查德的公民運動發展埋下最核心的困境：缺乏安全的環境與足以介入政治議程的經濟條件。由於查德缺乏全國性的民調機構，因此我只能在日常生活中透過與當地人的交流，獲取對於他們時局的看法，現階段普遍獲得的資訊，就是他們清楚了解到吏治不佳、生活條件

城鄉發展落差大、基礎建設與國民教育不足，加上經濟發展差，都讓公民社會的出現遇上困境

不好；然而，因為現任總統帶來了相對的穩定，因此相較之下，人民仍給予德比不錯的評價。這點與反政府的新聞媒體所呈現之訊息，有相當大的落差；再加上目前主要反對黨的領導人達德納吉（Joseph Djimrangar Dadnadji）是從總統德比所屬的「愛國拯救運動（Mouvement Patriotique du Salut）」脫黨，以及後者囊括全國大多數國會席次（一八八席次中占有一一七席，其餘政黨從一席至十席不等），更使得查德的政黨政治近似於政治菁英間的鬥爭，無法與一般人民生活產生連結。

儘管乍看之下，承襲法國體制的查德一如歐美國家，擁有各行業工會、一定限度的新聞與言論自由，但是擁有行政資源的國家，透過下列手段來壓制公民社會的發展：

一、特務機關橫行：猶如台灣戒嚴時期警總的查德國家安全局（l'Agence nationale de sécurité），得以任意逮捕「對國家安全有影響之人」，對象從維權律師到新聞記者皆包括在內。二〇一七年四月，兩名青年因抨擊二〇一六年查德總統選舉的合法性，立刻遭國安局拘禁，根據營救的人權團體指出，二人不僅被上手銬腳鐐，更曾遭水刑伺候，迄今仍未釋放。此外，對於這類逮捕，當局也多半採取被動承認或不予承認的姿態，增加救援困難度。

二、對資訊流通的管制：儘管目前查德政府容許反對派的媒體與電台出現，但仍對尺度有所限制，國家安全局也有專責部門予以監控。二〇一七年五月十二日，主管媒體事務的高等通訊委員會（Le Haut conseil de la communication）宣布暫停核發媒體許可執照三個月，理由是「有諸多外國空殼媒體公司，政府需要時間修正發照規範」。然而，查德當局受限於技術及設備，對網路社群媒體的控制力相對較弱，公民運動者 Abdelkerim Yacoub Koundougoumi 指出，網路已成為查德公民社會「唯一自由的場域」。對此，查德政府最新的因應之道是，隨機沒收使用者的智慧型手機，並否認有下達這項指令。

三、不獨立的司法：配合行政機關作為，當遭逮捕的可疑人士進入司法程序後，司法機關往往拒絕接受對被告有利的證人或證物，甚至不理會被告於拘禁期間遭受的不法折磨，在在使得司法機關成為查德律師公會所控訴的「政治工具」，負責最後宣判的程序作業。

除了以上數點，查德公民運動的另一項歷史困境，在於國民缺乏「共同體」之感覺。查德國土範圍是列強殖民遺緒，連國名都是取自於境內最大的湖泊——查德湖。全國實際上是由超過二百個部族共組而成，各有自己的文化；加上有著以宗教為主的南（基督教等非伊斯蘭教）北（伊斯蘭教）對立，以及三十年的內戰紛擾，目前僅首都恩加美納與第二大城蒙杜能夠透由傳媒及通訊，形塑出安德森所言之「想像的共同體」；鄉村地區往往二至三個村落共享一座電信塔，接收電台資訊，更多的是連電力都沒有的部族。使得構成公民社會基礎的「共同體」範圍十分有限，連帶影響到發展能力。

相形之下，台灣雖然比查德的情形好上許多，但仍在兩個面向上有其類似之處。首先，是從前現代過度到現代的文化轉變。查德雖然在現代法制上繼受法國體系，但是實務上受宗教信仰與傳統部族習慣，使得在慣習部分有著濃濃的傳統氛圍；台灣近日進行中的司法改革，出現了一波以包青天為主的爭論，性質上無疑也是對於仲裁體系的傳統想像，與現代人權體系的衝突所致。

再者，是以國家安全為由的管制。查德面臨以博科聖地為首的威脅，對於可能威脅統治基礎的事項，往往以這項理由進行干預；台灣一來面對中國的併吞威脅，二來仍須處理威權時期仍殘存的制度遺緒，諸如集會遊行法等相關規範，該如何在確保公民社會表意自由與維繫整體民主體制之安全上取得平衡，不至於走向查德現況，賦予威權幽靈重生的機會，亦為值得探討的課題。然而，這邊必須提醒的事，威權幽靈不一定是透過國家擴權而重生；一個過於理想主義而缺乏戒心的公民社會，儘管表面上看起來是自由且開放，卻也往往容易成為威權價值潛伏的巢穴。多元、民主、自由，不是理論上的絕對，而是必須存在實務上的基準紅線，納粹德國之興起，即為明證。

查德德比總統
二〇一七年新年談話

這篇來一點不太正經的正經。

跟大家分享一下查德總統德比二〇一七年的新年談話。分享之前，先簡單做個背景介紹，查德自一九六〇年脫離法國殖民統治以來，到目前約有三到四次政變、與利比亞還有北方領土邊界爭議未決、近年還曾被博科聖地盯上。雖曾一度靠出口石油賺錢，但隨著油價下跌，經濟再次疲軟。

因此，從這樣的政治性談話中，可以察覺出從當政者的眼光，選擇向人民與國際社會透露怎麼樣的訊息。是相當值得參考的材料。

好了，有這樣的基本認知，就讓我

VŒUX DU NOUVEL AN 2017
DU PRÉSIDENT IDRISS DÉBY ITNO

Tchadiennes, Tchadiens,
Mes chers compatriotes.
Il y a dans la vie des peuples et dans l'histoire des nations des moments d'adversité qui appellent à la réflexion. L'année 2016 qui s'achève a été particulièrement éprouvante pour notre pays à l'instar d'autres nations.
Lors du sommet extraordinaire de la CEMAC, le constat que nous avons fait est le même : il n'y a

de reculer pour mieux sauter.
Nous devons contrôler nos budgets, générer des recettes en diversifiant nos économies, rapatrier les fonds placés hors de la zone par les sociétés implantées chez nous, bref nous imposer une discipline budgétaire.
En pareil moment où le pays a besoin d'un sursaut pour rebondir, toutes les forces vives de la nation doivent former une union sacrée

當地媒體刊登德比談話

們來看看，總統文告中有透露出什麼訊息吧！（括號內是小弟的鄉民版評論，請想像臉書直播中的網友評語。）

查德女士們，查德男士們，我親愛的同胞們。

在人們的生命，以及國家的歷史中，有許多值得反思的困境。對我們國家而言，二〇一六年是相當艱困的一年，其他國家也是如此。在中非經貨共同體高峰會召開期間，我們對局勢有相同的評估：沒有錢。不只是查德缺錢，到處都缺錢。

（非常直白的跟國際要求援助，以及跟人民說不要再靠腰了。人民：啊你的家族都開名車耶。）

在喀麥隆的雅溫得，我們訂定了要完成的目標以及明確的期限。這是集體的努力，以及對於六國的要求。要知道，我們是區域中最脆弱的經濟體，但我們對於預期的收入，我們享有優先權。

（窮到連其他窮國都同意查德是最窮的。）

今日，對我們六國全體，以及每一個成員國而言，都必須勒緊褲帶，沒有別的解決辦法。對查德與其他中非經貨共同體的成員國都一樣，蹲下是爲了跳得更高。我們必須管控預算、透過經濟體質的多樣化來增加稅收、藉由在我們國家設籍的公司，讓區域外的資金回流，簡言之，就是要強制建立預算紀律。與此同時，國家也需要振奮，才能躍起，全國所有力量都應該成爲一個神聖的聯盟，才能更好地面對困境。

（翻譯：除了我的家族之外，請大家一起努力縮衣節食啾咪>_<）

我要表揚廣大勞工的勇氣與奉獻，他們那具備尊嚴與大局觀的刻苦耐勞，我希望，對於這場危機帶來的挑戰，只是我們共同經驗裡的一場插曲。我要鼓勵他們重返職場，並且完全地承擔起對於他們同胞的責任。

（大哥，工作又不是想找就能找得到，你沒看到小孩子拿著不鏽鋼碗在街上攔車「打工」嗎？）

我們所有的同胞都了解到，保留社會福利的必要性，我要向你們保證，這是我最全神貫注的事情，日以繼夜。但我也希望查德人們能意識到，大環境很不好。當我們享有石油帶來的資金時，提高薪資當然沒有問題。然而現在沒錢了，我們必須共體時艱。

（翻譯：經濟不好都是綠色能源的錯，你們沒有社會福利記得去找風力跟太陽能靠杯。）

這些犧牲，是爲了避免加重我們的負債，這些努力，是爲了重建經濟的平衡。這是代價，而這個代價僅只是爲了讓我們得以期盼經濟再次起飛。但我也希望這些犧牲只是暫時的。爲了從當前的危機中吸取教訓，我們必須更好的組織自己，以便在未來邁向有計畫的施政節奏。這不是悲觀的計畫與世界末日，相反地，我們的國家將會找到必要的資源來扭轉當前的局勢。

（資源在哪？）

查德女士們，查德男士們，只要我們有意志與抱負，保持希望。

我親愛的同胞們。儘管局勢眞的很艱困，我們的國家仍舊按照選舉日程，運用生物識別技術來準備總統選舉。運用生物識別技術的經驗，是查德史上第一次，也獲得了成功。

（生物識別技術：指紋。選總統要蓋指紋也太「先進」了。）

選民全心全意地完成了他們的公民義務，以完全的自主做出了他們的選擇，値得慶祝。這個強烈的愛國情感應該要持續耕耘不停歇。我們要讓這種擴大的責任與成熟感永永遠遠地傳遞下去，以便能強化國家的團結、擴大穩定與鞏固和平。

（翻譯：請繼續支持讓我連任喔！畢竟我從二〇〇五年開始就自己把任期限制取消惹。）

我們要讚揚全能的神，祂的恩澤賜給我們祝福與幸福。我們國家中的許多地區受惠於年均雨量測定法，這個方法爲家家户户帶來好消息，他們能對收穫更有感，也減緩匱乏帶來的負面效應。

（「神」救援。）

但無可否認的是，我們絕不容忍無政府與不穩定的環境。今天，在恐怖主義、不穩定、組織犯罪、任何非法交易與失序的威脅下，查德相當珍視區域的和平與穩定。但是，我們不能因爲這樣的穩定就志得意滿。正好相反，我們將要用最高層級的解決方案，加強對抗恐怖主義。關於這方面，我要向我們的國軍與安全部隊致敬，感謝他們也同意爲了非洲與查德的和平，做出極爲重要的奉獻，我要勉勵他們具備更大的決心，讓我們能免於失序與恐怖主義的威脅。我同樣要敦促所有人，更加提高警覺、保持警惕。

（東蘇丹、北利比亞、西博科聖地，只有南邊接鄰喀麥隆比較安全一點……。這邊晚上天天臨檢，不抓酒駕抓炸彈客。）

我親愛的同胞們，查德女士們，查德男士們。

依照我們的緊急計畫，即將開始的一年，充滿著挑戰。我們要自我投資，拚持久的、廣泛的與生產性的經濟成長，爲年輕人與女性增加就業機會。在這方面，「願景二〇三〇，我們想要的查德」，以及二〇一六至二〇二〇的五年計畫將會成形，並且成爲引導打造查德市場的指南針。這項賭注的確是很大的野心，但我有信心，我們集體的力量與共同的努力，一定能讓我們的下一代感受到，並且爲他們提供更好的生活。這些巨大的挑戰，聽好了，要求我們以新的態度與新的覺悟來面對。每一個查德男性人與女性都必須榮耀國家的整體利益。

（計畫內容勒？該不會就是叫大家努力打拚這樣而已吧？好歹給個政策吧？）

今天，我們必須承認，公部門的貪汙與腐化嚴重地讓國家發展所需要的資源流失。這正是爲什麼，與貪腐者和瀆職者的鬥爭，將要來到前所未有的強度。除了有著優異表現的國家檢察總署之外，專門針對經濟犯罪與貪腐的法庭也將在二〇一七年第一季正式啓用。

（反貪腐、救經濟！話說查德的鄰國奈及利亞是詐騙大國，跟台灣並稱世界雙雄。）

新的一年，我們同樣將會看到我在就職時宣示的制度改革，具體落實。

我親愛的同胞們。一起努力，為了確保我們國家的偉大。這個懇切而愛國的呼籲說給所有國內及國外的查德人。後者必須致力於將他們的經驗、專業與天賦，做為珍貴的資本帶回國內。

（鮭魚返鄉？）

我明白表示一項決心，在新的一年，要在查德的男孩們與女孩們間進一步強化團結、博愛與和諧。

（查德男女不平等問題滿嚴重的。）

從這方面來看，政府應該增加投資，以化解農業與畜牧業的衝突，以及各個社區間的摩擦。無可否認，這些現象對於國家的和諧、團結與穩定是不利的。

（國家窮到連第一級產業間的衝突都無法解決。）

最後，我要強調我對於和平、和諧、健康與幸福的心願。祝二〇一七年平安喜樂。

查德萬歲。

（簡單結論：這個國家是最窮的、內有貪汙外有軍事威脅、男女不平等經濟又疲軟、先進技術用在維護自身統治權、還是請神來救好了。以上謝謝您的收看。）

二〇〇八年政變紀實

查德雖然自一九九〇年的政變之後，在現任總統德比的領導下，維持了相對穩定的二十餘年和平，但是這種和平並非是「天下一統」，倒不如說是蔣介石統治下的「軍閥共主」，透過金錢、名器來換取各地軍事武裝的同盟或順服。一旦控制力下降，或是周邊出現事態，和平將立刻被打破。二〇〇八年的一場政變，就是這樣的典型案例。

事情要從二〇〇三年的達佛戰爭說起。達佛是蘇丹境內的西部地區，其意思是「富爾人的國家」，與查德、南蘇丹等國接壤。相較於蘇丹其他地區以信仰伊斯蘭的阿拉伯穆斯林為主，達佛內多數是基督教徒與當地傳統宗教的非洲原住民。由於種族、宗教的差異，加上中央政府明顯支持阿拉伯民兵，甚至允許他們採取強暴、屠殺等手段，激起非洲原住民的反抗，在二〇〇三年時爆發了長達七年的內戰。這場內戰導致了四十萬人死亡、二五〇萬人流亡至查德。除非洲聯盟有派遣軍隊維和之外，聯合國因中國表態支持蘇丹政府，因此安理會一直到二〇〇七年才能派遣維和部隊進入。

另一方面，二〇〇五年時查德德比總統兩度改組政府，部分總統衛隊發動政變未遂後，逃至查德東部成立反政府武裝，並與當地七支反政府勢力組成「爭取民主變革聯合陣線（United Front for Democratic Change，FUC）」。此後反政府武裝與政府軍衝突不斷。二〇〇八年的查德政變，就是在這樣的脈絡下發生的。由於數量龐大的難民超出負荷能力，查德希望能讓達佛成為自治區，一方面穩定局勢、另一方面也製造兩國間的緩衝地帶，因此透過軍事裝備等援助，提升達佛方的武裝與議價能力。然而，此舉被蘇丹政府視為外國干預內政，同樣透過檯面下管道支持查德境內的反政府勢力做為反擊，而位於查德政府勢力不足之處、與蘇丹接壤的「爭取民主變革聯合陣線」（簡稱爭民陣），就成了首選。二〇〇六年時，爭民陣先是拿下了東部大城阿貝歇（Abéché），氣勢大增。

二〇〇八年時，由於收到歐盟維和部隊可能進駐首都恩加美納的情報，爭民陣決定先發制人，集結三百台豐田皮卡，從東方邊界採取閃電戰術，一口氣橫越七百公里，以五天時間突破首都圈防線，進到恩加美納市內。然而，可疑的是法國政府所扮演的角色，雖然表面上是支持德比政權，但在東部反政府軍的推進過程中，法國駐軍幾乎沒有任何積極的動作，薩科奇政府採取「支援但不參與」的態度，隔山觀虎鬥的意味濃厚。可能的原因是他對德比政權的一些方針不滿，等等看如果真的改朝換代，扶植另一個政權或許會更有利。而這也是導致反政府軍跟政府軍雙方士氣消長的一大關鍵。

雖然反政府軍進入首都只有短短三天、也未全面占領首都，但軍事攻擊與引發的暴動效應，仍讓居民至今心有餘悸。據當地同事的述說，那幾天內，「街上到處都是屍體、外國人紛紛依自己國籍避難到諾福特等飯店，以及各國大使館內。槍聲從早到晚不停，有時還有迫擊砲的重型武裝。女性無人敢出門、暴民在路上肆意侵入有錢人住宅或公司行號打劫。」

我問同事：「你有留下當時的紀錄嗎？拍照之類的。」

同事說：「沒有，不管是政府軍還是反政府軍，都嚴格控制資訊外流，手機或相機都要檢查有沒有拍到不該拍的東西。」

說到侵入公司行號打劫，從二〇〇六年就在查德經營的中油海外公司，卻是相當神奇的在這波動盪中倖免於難。在反政府軍即將入城之際，外國行號都紛紛撤離到安全地點，但台灣政府當時因為跟查德政府沒有邦交關係，所以中油同仁跟台商便往喀麥隆方向撤離。直到今日，來查德工作的人，除了查德簽證之外，都還會另外辦理喀麥隆簽證，就是為了以防萬一。

根據轉述，在叛軍入城的期間，許多暴民趁機打家劫舍。中油辦公室所在的區域，是昔日達官貴人的別墅區，充滿由圍牆隔離的獨棟建築。這些建築多半由家族經營，出租給外國公司或國際組織，可說是恩加美納最先進與最富裕的區域。當時周遭房舍的人員都已撤離，聘請的保全雖然沒有監守自盜，但是想當然耳也跑得遠遠的，形同空城，任由暴民入內參觀自取。

反觀中油的辦公室，因為有一位同仁返台班機時間跟叛軍即將入城的時間相去不遠，他做了一個非常大膽的決定：打賭機場不會管制，勇敢留下來！既然有人留守，公司聘請的保全也很勇敢的扛起職責，陪他一起留守……接著，暴民來了。由於暴民沒有武裝，多半都是靠著木棍或徒手來打劫，因此別墅的牆壁與上面的鐵絲網，在防禦功能上就得以發揮到最大極限。當暴民用棉被或衣物覆蓋鐵絲網，準備入侵的時候，牆裡的保全們就拿著長棍或其他高度足夠的工具，一個一個把人給「督」回去。據說當政變告一段落後，鐵絲網上面充滿一塊一塊的碎布和斑斑血跡。中油也成為全恩加美納少數沒有遭到打劫的外國公司之一。

至於這位同仁最後有沒有如願搭上飛機回家過年……？這個我忘記問了耶不好意思。

雖然從中油的角度來看，事情算是有驚無險。然而根據事後的紀錄，局勢其實是相當危急的。短短三天的首都攻防戰中（二月二日至四日），反政府軍兵分二路，挺進到距離總統府約三公里處，與政府軍展開激戰；首都的東南西三面都遭到反政府軍的控制，德比總統一度無法離開總統府；沙烏地阿拉伯大使館遭流彈襲擊，造成一名職員的妻女喪生；國家電台一度由反政府軍掌握；

利比亞元首格達費曾想介入調停，但遭到反政府軍拒絕。

然而，在反政府軍局勢正好的時候，這批聯合武力卻發生了內鬨，對於軍事方針與一旦取得政權之後的分配喬不攏，高層動向不明，連帶影響士氣低落。這就讓政府軍有了突圍的破口，從二月三日開始反攻，將反政府軍逐出首都圈外，過程中一台政府軍直升機為追擊敵軍，將一枚飛彈射入首都最大的中央市場，但死傷人數不明。此時法國駐軍判斷風向已定，也開始將彈藥等物資提供給政府軍，加快了掃蕩的速度。二月四日，聯合國安理會一致表態支持查德政府，為法國的正式介入背書，雖然首都仍有零星衝突，但很快地反政府軍就宣布停火，正式結束這一場政變的首都攻防戰。

事後，法國施壓德比總統，成立調查委員會，查明過程中侵犯人權的事件，包括主要反對派發言人 Ibni Oumar Mahamat Saleh 離奇的「失蹤案件」，雖然至今仍不清楚真相，但從其子被委任為國營企業高階主管來看，不無有某種補償的意味在。美國則更加積極地協助查德軍方進行反恐訓練，加強對局勢的掌控；聯合國、世界銀行等也派遣救援團進入處理難民等後續安置作業。

二〇〇八年三月，塞內加爾出面調停，邀集查德與蘇丹代表於該國總統府簽署互不侵犯協議，宣示結束敵對狀態。然而，這是兩國自二〇〇三年以來簽署的第六份和平協議。儘管時至二〇一七年，並未有更嚴重的事態出現，但德比總統年事已高、反政府勢力仍盤踞在查德東部邊界、蘇丹難民問題仍舊無解，種種持續存在的因素，或許隨時都可能是另一次內戰的引爆點。

位於「查德凱道」旁的銅像，象徵勝利和不分性別之軍人對國家支付出及貢獻。後方則是整修中的查德凱旋門，以及一旁代表大衆的工人銅像。

輯四

讓格達費灰頭土臉的豐田戰爭

豐田戰爭的緣起

講查德、說查德，查德說不盡，查德若說完，子瑜就沒頭路（向吳樂天前輩致敬）。

大家好，歡迎收看今天的查德黑白講，我是子瑜。由於地處中非，國土大半又是沙漠氣候，因此查德從西方殖民時代以來，就有一個很霸氣的稱號：非洲死亡之心。即使到了二次世界大戰後，擺脫法國殖民成為獨立國家，但仍因交通不便、內戰頻仍，導致政局不穩，連帶經濟不佳，如此惡性循環到了一九九〇年，由現任總統（你沒看錯，從一九九〇到二〇一八年的現任）德比軍事政變後，才維持了二十餘年相對的和平，並且在二〇〇三年開始出口石油，讓經濟稍稍有些發展。

如果我們攤開非洲地圖，立刻就會發現，除了國家數量很多之外，很多國家的國界線是非常人工的，一八〇度水平直線、九〇度直角、三五度彎……只差沒有用圓規畫。為什麼呢？就是因為西方列強殖民的關係啦，勢力範圍嘛。想當然耳，這種搶地盤的搞法，一定不會去管什麼部落歷史脈絡、種族相處問題，特別是傳統領域這種東西。因此，當二次世界大戰後，民族主義加上第三世界運動，非洲各國的疆界問題就出現了。

當年這些列強喬來喬去的領土，幾乎把部落傳統領域或之前的帝國、王朝疆域割得四分五裂（中東表示深有所感），甚至為了統治方便，把原來沒有仇的部落，搞成非得要把對方殺到片甲不留的深仇大恨，於是當列強表面上閃人後，這筆土地的帳怎麼算，就真的很難處理。

這一次，為各位看官介紹的「非洲瞳鈴眼」，就是一起發生在法國、查德、利比亞之間的三角恩怨。恩怨的爆發點，則是查德國土北方，跟利比亞交界的那一條水平直線：奧祖地帶（Bande d'Aozou，參閱附圖）。

是，我知道看官們一定還有一個疑問，為什麼標題是那麼日本味的名字：豐田戰爭？是因為跟大阪夏之陣有關係嗎？（那是豐臣家）還是要向戰國第一兵致敬？（那是真田幸村）

錯！都不是！

是因為在這場爆發於一九八七年的戰爭中，查德以寡擊眾、以弱擋強（好啦還有美國跟法國的幫忙），特別是在軍備嚴重不及利比亞軍的情形下，充分運用一款便宜、好用、耐操、有擋頭的神級運輸工具，有效抵抗利比亞的大砲與坦克，造就不少戰果。自此戰役後，軍車界的 Nokia3310 就出現了，這款車輛，就是豐田皮卡。竟然會以這款車輛來命名這場戰爭，看官們就知道它有多出風頭了吧？

好的，歷史故事總是有很多可以說，這裡先介紹一下幾名主要角色、故事概述。下一集開始，我們就要好好來了解這場可說是中非近代史上的傳奇戰役。

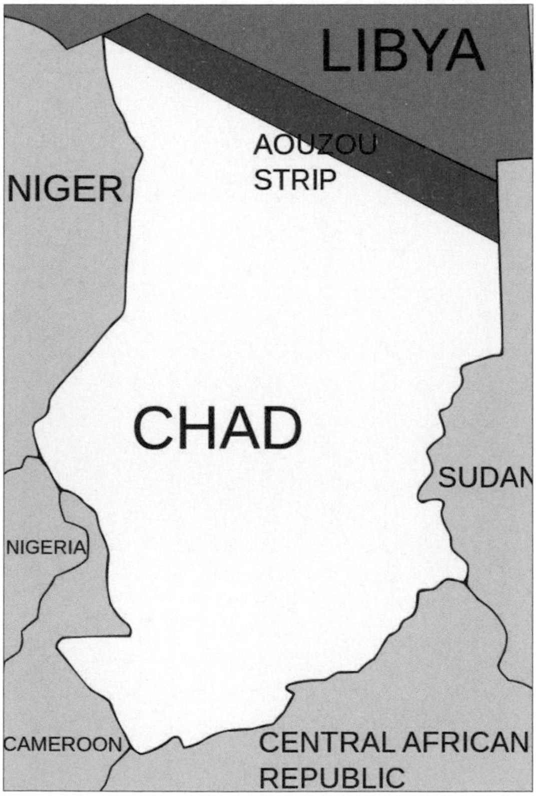

查德、利比亞交界（紅色區域即為奧祖地帶）

豐田戰爭之義大利的反擊

雖然這場戰爭出現於一九八七年，但冰凍三尺非一日之寒，兩邊幹架的羅馬也不是一天就出現的（喂成語不要亂接）。查德跟利比亞的奧祖地帶爭議，要回溯到十九世紀末的非洲大殖民時代。根據歷史記載，早在一四一五年，也就是大航海時代，西班牙跟葡萄牙等國家就已在非洲占領殖民地，但目的僅止於補給或確保經商航線。直到十九世紀末，歐洲列強才開始往內陸挺進、占地為王。

話說東北有三寶，人參貂皮烏拉草；非洲殖民有三強，英國法國德意志。做為發展殖民勢力較強的三國，到了一九一四年，很快就把整塊非洲大陸瓜分得差不多。法國主要集中在西北非與中非；英國擁有東北非與南非；德國則是東一塊、西一塊。這段期間，義大利也想插一腳，可是俗話說：「先搶先贏，搶輸就×你×（響應說好話運動，敏感字眼自動過濾）。」人家分得差不多了，拳頭也沒特別大，怎麼辦呢？

欺負比自己更弱的人，跟一加一等於二一樣是世界不變的真理。義大利看來看去，抓到啦，正在走衰運的奧斯曼土耳其帝國。於是義大利就把現在位於利比亞的這塊殖民地給搶過來了。法國對此表示：哎呦、不錯、聰明喔，懂得學我搶突尼西亞跟阿爾及利亞。

於是呢，法國的殖民地就這麼跟義大利的殖民地相連接，而邊界問題也跟著浮上檯面。法國跟義大利看了看地圖，重要的是地中海沿岸，南邊是撒哈拉沙漠，在當年一點價值都沒有，也懶得認真研究。兩邊有了共識，拿起一支筆跟一把尺，刷地一條直線給它畫下去，現在地圖上的疆界線原型就出現了。

緊接著，第一次世界大戰爆發。歐洲老大哥的戰爭，一定會延燒到非洲殖民地。從小就被政府要求有國際觀的各位看官，想必都還記得這場戰爭的雙方陣營吧？以英法為首的協約國，與德奧為主的同盟國互幹。一開始的時候，義大利是同盟國的一方，由於德國實在太猛，法國政府一度閃到波爾多去。正面打不贏，協約國就想玩陰的，怎麼個陰法？策反囉。誰最適合策反？德奧背後的義大利囉！

英法代表：「不然你看這樣好不好，如果你們願意幫我們打同盟國，那個非洲的殖民地界線齁，特別是利比亞南邊的沙漠部分，法國可以退一點給你們呀，德國的也可以談談看怎麼分啊～」

義大利：「……」（好像不錯）

英法代表：「考慮一下嘛，我們兩個占的地最多，如果你答應，以後一起當非洲王啊。」

義大利：「……」（心癢癢）

英法代表：「大家都是南歐國家嘛，說的話大致也會通，幹嘛要跟講話像吵架的德國人混在一起呢？要買要快喔，不然我們就當作什麼都沒發生過。」

義大利：「英國好像不是南歐國家……」

英法代表：「那不是重點，快點決定！不要拉倒！」

義大利：「好好好，成交！」

一九一五年，義大利宣布倒戈，加入協約國。

一九一八年，第一次世界大戰終結，英法於一九一九年簽署協定，重新確立兩國在非洲的殖民地疆界。

義大利：（看著最新的地圖）「等等，這跟你們當初說的不一樣啊，你們這樣分，我只拿到一個什麼奧吉巴（這個不是髒話，是真的有這個地方 Oltre Guiba，現在的朱巴蘭，索馬利亞聯邦共和國之一），德國殖民地也沒我的份，根本比維持現狀沒差多少啊。」

英法代表：（翹著二郎腿、叼著雪茄）「維持現狀就是給你們的好處。拜～託～我們正港的戰勝國捏，德國的殖民地被我們沒收剛好而已，懂？看在你們棄暗投明的份上，才保留了你們在利比亞的土地好嗎？要心存感恩～」

義大利：「……幹。」

到了一九三〇年代，德國在希特勒的執政下迅速重整軍備，引起周邊國家不安，畢竟距離第一次世界大戰還不到二十年；經濟大恐慌加深了區域的不穩定。其中又以法國受到的驚嚇最大。先不管一八七一年普法戰爭以來的屈辱，光是第一次世界大戰後，法國在歐洲政策上處處針對德國，一副想給人家死的態度，這筆帳就有得算。現在看到德意志大國崛起，經濟跟軍備都開始逆風高飛，當然是擔心個不得了啊。

於是法國又打算來玩一次陰的。

法國代表：「喂喂喂，請問是義大利嗎？」

義大利：「幹嘛。」（語氣冷淡）

法國代表：「不要這樣嘛，大家都這麼熟了，我們這次是想說啊，希特勒這樣搞，大家都不開心，所以我是想說……」

義大利：「想幹嘛。」（語氣冷淡）

法國代表：「就我們有組一個『歐洲好棒棒，希特勒壞壞』聯盟，想邀請你參加嘛。」

義大利：「我為什麼要加入，上次被你陰過，現在歐洲國家都叫我『被陰系4ni？』」（語氣冷淡）

法國代表：「英系不錯啊，現在執政黨耶（抱歉跑錯棚，這是台灣的台詞），加入這個的話，我們就把上次答應你們的利比亞南方土地主權給你們嘛～」

義大利：「我怎麼知道你們不會又陰我？」（眼神稍微有一點光）

法國代表：（幹上鉤了，再加把勁）「誠意當然是要先展現的嘛，來來來我們這邊先表示。」

一九三五年，法國主動調整義屬利比亞跟查德之間的疆界線，把奧祖地帶劃給義屬利比亞。

法國：「如何？有誠意吧？」

義大利：「勉強可以接受。」

到了一九三八年，義大利宣布加入軸心國。

法國：「幹。」

義大利：「爽。」

這次換成法國被婊。做為報復，法國宣布一九三五年的協議不算數，於是在這一來一往間，就種下了利比亞跟查德交界處的土地主權（奧祖地帶）到底歸誰的遠因。

豐田戰爭之格達費進軍查德

雖然第二次世界大戰後，法屬查德跟義屬利比亞的邊界問題有爭議，但畢竟是沙漠地區，沒什麼價值，也就沒有引起什麼後續紛爭，至少兩邊都沒有進一步處理奧祖地帶的意願與動機。一九五〇年代起，非洲國家一個一個接著獨立，利比亞於一九五一年宣布立國，並且於一九五五年跟法國簽約，大致確立雙方邊界；一九六〇年換查德脫離法國獨立，不過雖然說是獨立，但實際上法國的影響力只是有增無減，因此獨立後的查德，便承認並且延續之前的條約內容。

奧祖地帶並沒有因為這些外交程序而得到解決，雙方依舊主張是自己的領土，但也僅止於喊喊而已。

一直到一九六五年，由於帶領查德獨立的總統托姆巴巴耶（François Tombalbaye）實施一黨專制，並且在內政上有偏袒自己族群的狀況，再加上邁入現代國家的中央集權過程中，忽略伊斯蘭族群的利益，因此激起境內的穆斯林組成「民族解放陣線」發動內戰，使查德局勢陷入動盪不安，讓有野心的外國勢力開始覬覦。

查德近代史上，跟台灣現在的網路爭論差不多，「戰南北」是歷久不衰的老梗。由於北方的伊斯蘭族群是過去的優越族群，常常侵略南方部族，抓人為奴，長期下來發展出瞧不起南部奴隸的驕傲感；然而殖民帝國到來之後，與法國合作，以抵抗北方部族的南方非伊斯蘭教族群翻轉了這樣的宿命，發展得比北方還好，使得南北兩邊有著互看不爽的傳統。不但爆發上述提到的內戰，也埋下豐田戰爭的另一項因素。

等等，你問說法國在幹嘛？喔……就是因為法國在一九六五年撤兵，內戰才打起來的啊。一直到一九六八年，處理完巴黎學運之後，法國戴高樂政府才派出軍隊協助穩定局勢。

一九六九年，獨立後利比亞王國被傳說曾到台灣留學，跟台灣關係非常好的格達費（Muʿammar al-Qaddāfī）發動政變推翻。格達費上台後，不知道是不是政戰系統裡的大中國觀接收太多，一直想來個天下大一統，成為阿拉伯王，他曾跟埃及商議共組阿拉伯聯邦共和國，以及和阿爾及利亞合為聯邦，但都被打槍，沒人鳥他。這些行動讓外界認為他志在中東，然而，接連被打槍之後，他開始將目光轉向非洲內陸。

既然中東搞不起來，那老子我來當個非

格達費

托姆巴巴耶

洲王總可以吧？

透過石油的收入，格達費大肆發展軍武，並且積極介入其他非洲國家事務，例如發動奈及利亞、馬里等國的一揆……啊不是啦，是煽動這些國家境內的伊斯蘭部落，起身對抗政府；又或是直接出兵干預烏干達內戰，賣人情給執政者等等。

沒什麼實質關聯、只是因為信奉伊斯蘭教，他都可以掰個「利比亞阿拉伯人」當作干涉藉口了，更何況是實實在在有領土爭議的查德奧祖地帶？查德民族解放陣線的資源與軍備提供，他就扮演著一定的角色。再加上當地發現了一種資源，讓格達費下定決心一定要拿到手：鈾礦。

於是一九七三年，判斷查德民族解放陣線應該已經沒搞頭的格達費，決定直接出兵查德，占領奧祖地帶。表面上是十分順利的取得成果，但實際上卻是讓格達費一方面要直接面對法國；二方面狠狠打了民族解放陣線的臉。

因為民族解放陣線在起事時，主打的訴求就是「法國退出查德、查德獨立自主」，結果格達費這下直接現身，變成「利比亞進軍查德」，查德還獨立自主個鬼？於是民族解放陣線裡也分裂成支持格達費與反對格達費兩派。不過話說回來，這倒有點像某島的連姓家族，選首都市長大敗之後，買辦的地位岌岌可危，背後的老闆直接跨過海峽來開店一樣……

此刻，查德政府沒有放棄可以見縫插針的機會，立刻派人傳訊給格達費：「只要你放棄對民族解放陣線的支持，奧祖地帶給你沒關係。」畢竟民族解放陣線本來就是在北邊的武裝組織，要是格達費答應這個條件，他們之間的不合一定會鬧一陣子，到時政府軍再出兵掃蕩殘餘即可，反正伊斯蘭打伊斯蘭嘛，不會傷到我南方的部族利益。

可是人算不如天算，查德政府的這一步，還來不及獲得格達費的回應，總統托姆巴巴耶就被魔下的將軍馬盧姆發動政變幹掉了。

這場政變有陰謀論的影子在，有一說認為法國不爽托姆巴巴耶的土地換和平政策，倒不是因為什麼喪權辱國（又不是割法國的領土），而是給出去的土地有鈾礦啊，可以拿來搞核彈的鈾礦啊！所以假設法國會不爽，法國真的會不爽。

新政府一上台，立刻廢除前政府的政策，立場趨硬。格達費見狀，也以增強民族解放陣線中支持他那一派的軍事武裝回應，並且再度於一九七七年發動南征。這次真的可比當年中國共產黨渡江之後的摧枯拉朽之勢，一口氣直接挺進到首都恩加美納附近。

於是查德政府只好再度發動大絕，召喚青眼白龍……啊不是啦，請法國來擦屁股。一九七八年，在法國軍隊的援助之下，將民族解放陣線擊退，才好不容易又讓局勢穩定下來。馬盧姆自己也很憂慮，要是搞不定國內政局，法國說不定就直接派個人把自己換掉了。於是左思右想，他找到了一個現階段的大好盟友：民族解放陣線中的反利比亞派首領哈布雷（Hissène Habré）。

總統馬盧姆，總理哈布雷，看來這才是雙首長制的奧妙之處（大誤）。總之，這個聯合執政的意義是重大的，代表著查德建國以來，北方部族的勢力首度入主中央政府核心位置。

不過呢，相愛容易相處難，可以共患難不能同享安樂。當局勢穩定，雙方共同的敵人消失之後，本來就很有野心的哈布雷一方面才不想當個二號人物；二方面也是意識到豐臣秀吉想把自己給幹掉……不好意思跑錯棚了。總之，野心加上不安全感，得到的答案是普世皆然的：謀反。

一九七九年，這次連恩加美納都失守了，馬盧姆見大勢已去，宣布下野，換哈布雷上台。但是哈布雷連屁股都還沒坐熱，立刻又面對老戰友的趁虛而入：民族解放陣線中支持格達費一派的領袖古庫尼再度發兵。距離政變結束才一個月。

一而再，再而三的內戰，終於讓附近的非洲國家再也看不下去，透過非洲統一組織出面當和事佬，在當時的奈及利亞首都拉哥斯進行世紀大喬會，最後簽署了《拉哥斯協議》，喬出一個大聯合政府。由古庫尼擔任政府主席。

事實證明，這種大聯合政府比在沙灘上蓋大廈還要脆弱。一九八〇年，又內戰了……這次古庫尼做得更狠，直接把哈布雷趕出恩加美納，坐穩老大的位子。格達費大喜過望，想說出資了這麼久，終於可以開始回收，朝非洲王更進一大步了。

於是他立刻跟古庫尼說：「讓查德跟利比亞合併吧。」背後老大開口，當然是沒有第二句話。於是查德很快就跟利比亞簽署《同盟友好條約》，成立「伊斯蘭薩赫勒合眾國」。但這麼重大的變動，不但周遭國家口徑一致反對、譴責、關閉使館，地中海的彼岸，有個老兄更是怒到髒話不斷：法國總統密特朗。

究竟，這三國間的恩怨情仇會如何發展呢？下一集，豐田戰爭正式開打！

古庫尼

馬盧姆

豐田戰爭正式開打

上一集提到，密特朗聽到查德跟利比亞合併，氣到破口大罵。當然，做為聯合國安理會常任五強之一，破口大罵絕對不只是網路酸民發個文就好。

他還發兵。

除了表態說萬一合併之事造成周遭區域不安的話，法國將會全力協助之外（翻譯：全中非的國家們，團結起來！），密特朗更派遣部隊進駐到查德南方的中非共和國，隨時準備動手。

另一方面，合併的時間點也很微妙，大約就是蘇聯入侵阿富汗之時。由於格達費狂到可以蟬聯狂新聞每周冠軍，曾經被美國總統小布希稱之為「流氓政權」，各位看官就知道，這兩件事情在冷戰架構下，要不引起美國的聯想，幾乎是不可能的事情。於是除了法國，美國也介入了，在這世界兩強帶頭之下，格達費也不得不低調一點：宣布合併破局，利比亞軍隊撤出查德。

少了老大撐腰的古庫尼，下場當然就是被哈布雷趕走；但是當古庫尼想捲土重來的時候，赫然發現，密特朗這次鐵了心腸，反應特別迅速，不讓古庫尼有任何機會，立刻派遣駐紮在中非共和國的法軍協助哈布雷，驅

密特朗

逐古庫尼勢力。

於是到了一九八四年，法軍推進到北緯十六度，也就是奧祖地帶附近，並且將北緯十五度到十六度之間設為緩衝地帶，一如兩韓的三十八度線，希望能藉此穩定查德局勢。畢竟出兵是很花錢的，而一九八〇年代又是新自由主義開始流行的時代，歐美國家吹起一股縮減政府開支的風潮。

另一方面，對格達費來說，這樣的事態一點都沒吃虧，因為從一開始就是他在吃查德的豆腐，只是吃多吃少的問題。既然法國想在這裡停手，未嘗不是一個穩定局勢、伺機而動的好局面。所以在雙方各有盤算的情況下，查德跟利比亞倒是迎來了一個稍微相安無事的狀況。有趣的是，此刻的兩國之間既沒有宣戰，自然也沒有議和的問題，如果要比喻的話……新中國成立之後的動員戡亂時期？（大誤）

這段期間，哈布雷透過法美的資金援助，除了發展國家經濟之外，最重要的就是招降納叛，將南方其他的武裝勢力一一收編進政府軍；相對的，古庫尼的處境就越來越艱難，南方越穩固，他就越必須依靠利比亞，到最後，自己這個前查德總統，就要變成格達費手下的一隻小軍閥老大了。因此，古庫尼決定放手一搏，越過北緯十六度的緩衝地帶，進攻哈布雷政府。

結果打幾次就輸幾次。輸就算了，連自己手下的參謀長都倒戈跑去哈布雷那邊。

最後，在一九八六年時，古庫尼終於說服格達費，聯手出擊。這次就取得了勝利，逼得哈布雷請求法軍出動。這一次的行動代號，叫做「雀鷹（Opération Épervier）」。當然，這次不但換古庫尼輸到脫褲，還輸到格達費覺得你這個傢伙真是廢到沒藥醫了，準備扶持另一個傀儡來取代他。

雀鷹行動臂章

由於害怕古庫尼會倒打一把，格達費除了派遣軍隊將古庫尼勢力像三明治般的包圍起來之外，也在最前線增兵到了八千人左右的規模。

眾叛親離、孤苦無依的古庫尼，難不成會選擇自殺以明志嗎？沒有喔，這時候的他，左思右想，可能是內心的查德魂喚起了初衷，也可能是歷經這幾年的鬥爭讓他看清了真相。於是在一九八六年十一月的時候，他做了一個決定。

「喂喂？哈布雷總統嗎？你好，我是古庫尼，我要投誠。」

這一招釜底抽薪之計，可說是把格達費全身扒光，遊街示眾。不只是表面上僅存的軍事干預大義名分徹底消失，自己的八千名前線部隊反而變成被哈布雷與古庫尼聯手包圍的狀態。

氣到炸的格達費於是宣布對查德開戰，為期一年的豐田戰爭正式登場。

戰爭初期，利比亞陣營除了已經在查德北方的八千名部隊之外，實際上還包括三個機械營、三百輛坦克跟六十架戰鬥機。另一方面，查德政府軍是這樣的情況：

「報告班長！」

「什麼事？」

「報告班長，我們這個班的鞋子還沒拿到……」

深知查德政府軍實力的法國政府，當然不可能不表示點什麼。

法軍：「我們有準備了坦克、飛機跟其他重型武器，你們需要多少？先給個六十輛夠不夠？」

查德軍：「那個……可以換成別的嗎？飛機跟坦克太高科技了，我們不會用……」

法軍：「……」

俗話說山不轉路轉、共體時艱、查德有查德的玩法（喂不要亂用中華職棒的梗），既然太高科技造成使用不便，那就直接從人人都會的東西下手吧。不會開坦克，開車總會吧？不會設定座標，扣下扳機總會吧？你利比亞有蘇聯正規武裝，我有小米加步槍啊！

於是法國就協助查德，組建了一隻規模約四百多輛的豐田皮卡機動車輛隊。

有看過變形金剛的朋友，一定對於一下機器人一下當跑車的「性能」印象深刻。豐田皮卡也是有著這樣的魅力，而且最重要的是，便宜、好用，又耐操。

一台坦克，好歹要個幾十萬甚至一、兩百萬美金吧？一台豐田皮卡，三到四萬有找。

一台坦克，跑一公里要多少油？維修要多少零件？一台豐田皮卡，隨便裝一裝就可以上路。

一台坦克，時速多少？調整射擊參數要花多少時間？一台豐田皮卡只要有人拿著 RPG 火箭筒在上面，剩下就跟打電動一樣，連訓練都不用。

更重要的，一台坦克就是一台坦克。但是一台豐田皮卡，可是滿滿的大平台！後座裝機槍，就是步兵殺手；後面裝反坦克火箭，就是坦克殺手；後面裝地對空飛彈發射器，就變成戰機殺手；後面裝反年金改革的……車子應該會自爆（跑錯棚了不好意思）。

總而言之呢，就算有法國跟美國助陣，這場戰爭的一開始，大部分賭盤都還是押在利比亞身上，這個場景有點像甲午戰爭，單從數據比較，清國還是大勝日本的。

但是軍備雖然重要，操作軍備的人，更是重點。而這也是豐田戰爭大驚奇的關鍵原因。

豐田皮卡示意圖（非該次戰役用車）

豐田戰爭終於結束

既然已經撕破臉，格達費的第一個目標，就是好好收拾已經沒有利用價值的古庫尼，做為殺雞儆猴之效。於是他派出三個機械營，用坦克與大砲分別拿下古庫尼所有的三處城鎮。查德軍隊也不甘示弱，哈布雷結合古庫尼勢力後，開著豐田皮卡要跟格達費輸贏，打算一舉收復北方國土。

這個時候，有一隻幕後的黑手，正靜靜的觀察著事態發展，準備挑個好時間進場收割。這隻黑手的名字，叫做法國。

讀者們應該會覺得有點奇怪，這個故事一路看下來，法國好像都是站在支持查德這邊的不是嗎？實則不然，還記得第一篇的帝國主義時期殖民背景介紹嗎？法國在非洲有眾多殖民地，儘管獨立了，利比亞仍然還是法國重要的原物料供應國（以前是供應地）之一，而且兩國間也有密切的貿易往來。站在法國角度來看，利比亞太強，有不利影響；查德太弱，也有不利影響，最好的處理方式，就是讓兩邊就算彼此不爽，但也沒有那個能力可以單獨解決掉對方。最後呢，法國就可以從中「斡旋」，爭取自己的最大利益。題外話，這種左右逢源的手法，好像在某個太平洋島國的海峽兩邊似曾相識？

言歸正傳，法國援助查德武裝，一開始的想法也是能夠擋住利比亞併吞就好，但現在哈布雷要麾軍北伐，密特朗政府基本上抱持著不要被利比亞痛宰，搞到法國不好善後即可的低度標準。然後，低標居然變成中樂透。在整場豐田戰爭中，主要有三大戰役：法達之戰（Battle of

Fada）、奧祖之戰（Battle of Aouzou）、馬騰之戰（Battle of Maaten al-Sarra）。而這三場戰役，查德以二比一的優勢擊潰利比亞，使得整場豐田戰爭在短短一年內就結束了。

一九八七年一月二日，哈布雷首先麾軍查德東北部的法達（Fada），以三千人的規模進攻有一千二百名軍隊與四百名民兵駐守的利比亞方。雖然人數上有優勢，但對手可是開坦克的，砰砰幾下，這點人數優勢恐怕也沒啥用處。

只是，就像大家耳熟能詳的遊戲：棒打老虎雞吃蟲。一物剋一物，豐田皮卡的機動性，正好就是利比亞 T-55 坦克的大剋星。查德軍隊以兩台皮卡為一組戰術單位，從左右兩邊包抄一台坦克。看準的就是你坦克火力再怎麼強大，也不可能有兩根砲管同時發射、甚至是短時間內轉一百八十度開火吧？就算是飛天御劍流的九頭龍閃，基本上也都往同一個方向衝過去啊。當兩台皮卡就定位後，車上的米蘭反坦克火箭（沒錯，也是法國給的）發射鈕給它催下去，坦克就掰掰啦。

看到這裡，大家心裡應該都有數，是查德贏了。但如果攤開詳細數據，哇靠真的令人大呼驚奇。為期一天的戰鬥，查德方損失十八名士兵、三台皮卡；利比亞方則是陣亡七八四名士兵、九十二輛 T-55 坦克與其他車輛。這已經夠丟臉了，但下限還有下限、丟臉還有更丟臉。查德居然還繳獲了十三台 T-55 坦克跟六架戰鬥機。如果當年國共內戰末期，國民黨桂系白崇禧在青樹坪的小勝可以說成重大勝利的話，那查德的法達之戰，恐怕都能說成是不遜於打贏苻堅八十萬大軍的淝水之戰了。總之呢，不但買一送三，還加贈飛機，划算的不得了。

眼見局勢不保，格達費立刻派出空軍轟炸法達，甚至飛過了北緯十六度線，轟炸查德中部的 Arada 城市，想挽回一點顏面。但一點效果都沒有，原因就在於利比亞的空軍根本在打假球，隨便炸個幾下就飛回去了，完全無法造成實質的傷害與威脅。不派還好，一派反而被看破手腳。而且啊，利比亞飛過北緯十六度線，就等於踩到了法國的紅線，老子我制定的緩衝地帶你不當一回事？很好，那我就讓你看看誰才是老大。法國空軍出動，打得利比亞空軍耍耍、毀了好幾個雷達基地，讓利比亞空軍癱瘓數月之久。

第一場法達之戰到此告一段落。

格達費經此一役，也開始認真面對眼前的對手（換句話說，他之前太小看人家，這也是一種「我還沒認真，原本不想用這招」的卸責口吻啦），陸續向前線增兵。到了一九八七年三月，利比亞總共派遣一萬一千名軍力至查德北方，但是擋不住步步進逼的查德軍。三個月之後，哈布雷打到了奧祖地帶，第二場戰役奧祖之戰，開幕！

首先是在一九八七年八月，查德軍在奧祖地帶、查德西北方的提貝斯提山脈（Tibesti mountains），大敗利比亞軍，殲敵六百五十人、俘虜三千人、消滅三十輛坦克。這個戰果不只震驚查德跟利比亞雙方，連法國也嚇了一大跳。原本只是希望查德能守住就好，現在看來搞不好會打進利比亞啊？

幕後黑手、法國總統密特朗於是再次採取動作，開始扯查德後腿。

查德軍：「呼叫法蘭西、呼叫法蘭西，我方請求空軍支援，協助任務，完畢。」

法國軍：「收到，但我方目前正在吃下午茶，等咖啡泡好，暫時無法出動，完畢。」

查德軍：「……（拎老師勒都還沒早上十點吃三小下午茶）。」

於是乎，這下換成利比亞可以稍微喘息，集結反攻能量。一九八七年八月，格達費派遣一萬五千名大軍出擊，但是仍舊無法貫穿查德軍防線，導致戰事陷入膠著。然而，人多畢竟是有好處的，就算查德軍再怎麼機動，就算利比亞素質再怎麼廢，靠著人海戰術還是能慢慢的推進戰線、取得優勢。並且靠著投靠利比亞的查德當地部族為前導，終於在八月下旬攻破防線，重新取回奧祖地帶的主導權。

戰爭的精髓在於人、特別是領導人，這點真的是橫跨古今海內外的不變真理。豐田戰爭的最後一場關鍵戰役：馬騰之戰，雙方勝負的關鍵就在此刻定下。怎麼說呢？格達費好不容易贏了一場，他決定大肆慶祝，一吐怨氣；哈布雷則是認真思考要如何突破對方在軍力上的優勢。

《孫子兵法》有云：「兵者，詭道也。」又有云：「善攻者，動于九天之上。」哈布雷深知自己的劣勢，完全無法以正面抗衡格達費，所以他採取了一個好比當年朝鮮壬辰之戰中，名將李如松突襲日軍龍山糧倉、迫其退兵的奇策：進攻利比亞的馬騰基地。

馬騰基地是位於利比亞境內東南方的空軍基地，在整場豐田戰爭中，負責最重要的後勤與空中攻擊任務。哈布雷認為，想要癱瘓利比亞的軍事行動，就必須集中火力，以突襲方式一口氣消滅馬騰基地的作戰能力。這個判斷是正確的，但事情會有那麼簡單嗎？不管是李如松還是曹操，他們面對的是糧倉；但哈布雷面對的卻是出勤中、擁有三條跑道，可以容納一百架戰機的空軍基地，難度可不一樣啊！

可是，事情真的就是出乎一般的判斷。因為超越黑手等級的神出手了——美國。

哈布雷派遣二千人特遣隊往馬騰基地進發，美國則提供衛星情報資訊，讓查德軍可以精準地部署軍隊。當時馬騰基地有二千五百名士兵駐守、配備坦克、火炮等重型裝備，可是利比亞犯下跟袁紹、日本一樣的錯誤：過於輕敵。完全沒想到查德軍會直搗黃龍。戰爭同樣在一天之內就落幕，利比亞陣亡一千七百名士兵、損失七十輛坦克、二十六台戰機。

格達費：「該死的法國佬，沒有你們挺，查德怎麼可能搞出這件事？我要譴責你們！」

密特朗：「大人冤枉啊，情報是美國提供的，不關我們的事。」

格達費：「不管，我要反擊！給我空襲查德首都恩加美納！」

密特朗：「喔，那就來吧。」

法國駐恩加美納守軍擊落利比亞轟炸機，空襲失敗。

接下來，主角就不再是查德跟利比亞雙方了，而是幕後的黑手跟神。美國希望哈布雷可以繼續挺進，最好把格達費趕下台，畢竟格達費反美是出了名的、又有核武跟石油，威脅程度遠遠不是北韓可以相比；法國則是希望哈布雷就此住手，不要破壞雙方的均勢，從而影響到法國的利益，更不希望雙方繼續衝突、導致事端擴大，把法國給拖下水。

於是在一九八七年九月，法國出面調停，無力再戰的格達費點頭答應，豐田戰爭就此落幕。至於奧祖地帶的歸屬，則依舊懸而未決，一直到一九九四年，才透過國際法庭，將主權判還給查德。

有道是一九八七搞戰爭，搞得自己變八七，格達費因此一役，獲得了「一九八七（哩就北七）」的歷史地位跟稱號。

雖然法國出面維持了雙方的均勢，但格達費最後的下場，卻也是被法國給趕下台、甚至身亡的。究竟是發生了什麼事情呢？為什麼是法國出手而非美國出手呢？這個就讓我們在番外篇一探究竟吧！

番外篇：格達費的末日

雖然在豐田戰爭中失利，但一代狂人格達費仍然是世界各國所敬畏的對象，畢竟有石油、有核武，手中握有當代兩大力量來源，而且個性又那麼狂，哪天一個不高興跟你發個訊息說：「嗨我們一起去地獄或天堂觀光一下好不好？」就連美國都不敢大意呀。

可是這樣的狂人，最終也在二〇一一年的內戰中，導致美國、歐盟、中國、俄羅斯這幾個各有利益盤算的大國，在聯合國安理會一致同意進行干預；以歐美為首的北約更是在原本的聯合國安理會禁航區決議下加碼，派遣武裝部隊進行軍事攻擊，格達費落得兵敗身亡、屍首還被反對派從下水道中拖出來示眾的悲慘下場。事情到底怎麼演變成這種地步？本文為您娓娓道來。

話說二〇一〇年十二月底，由於突尼西亞一位小販遭警方欺凌而自焚，此一可比一九四七年國民黨查緝私菸的導火線，透過逐漸普及的臉書等網路社群媒體散播消息，相繼引發北非與中東等國革命浪潮的阿拉伯之春。這波向西掃到摩洛哥的浪潮中，利比亞自然躲避不了。

這裡有個比較常見的迷思需要澄清一下：會發生革命的國家，是不是都像以前的歷史課本裡面所說的清國末年那樣，吏治腐敗、民不聊生、列強瓜分，於是引發了一批憂國憂民的革命志士，不惜拋頭顱、灑熱血，也要實現民族的偉大復興！

好！卡！大家剛剛的表情很棒，領個便當休息一下。各位觀眾，上面那種東西叫做政治宣傳，事實成分跟當前許多果汁產品一樣，含量可能不到十％。特別是像格達費這種被西方國家集體霸凌的討厭鬼，更是如此。

根據已知的資料，格達費雖然透過出口石油，為自己跟家族累積了巨大的財富，但是對於人民的福利，也是相當照顧（特別是對比查德）。舉例來說，在利比亞根本沒有電費這回事；你買車，政府幫你出一半；大學畢業生找不到工作，政府出平均所得薪資養你，養到你找到工作為止；生一個小孩給你五千美金補助；想種田，國家送你土地跟種子；你覺得在國內的教育或醫療不好？沒關係，國家送你去外國唸書和就醫，每個月提供二千三百美金生活費。最重要的兩項，則是國家砸二百億美金進行引水工程，讓原本只有二％可耕地的利比亞，大部分的人民都能使用到自來水；另一個，是格達費治理下的利比亞，男女平權程度是阿拉伯世界中最高的。

看到這裡，有沒有很想搬去利比亞住？不過很抱歉，他已經垮台啦，現在的利比亞一片混亂，之前提到的榮景，短時間內是不太可能重現的。所以問題就很有趣：明明政府治理得就不錯，為什麼人民還要搞革命？

因為有人的地方就有江湖，你格達費一統天下，權力一把抓，對反對派進行強力鎮壓，政敵不要說分一杯羹了，就算逃到國外，都要擔心被刺客暗殺：當然在國內的處境就更慘啦，上街示威？丟進監獄槍斃只是小事，他老兄曾經派戰鬥機轟炸示威群眾啊，夠狂了吧。所以革命與其說是因為民不聊生，更不如說是一場政治鬥爭，國內反對派結合國際勢力的政變行動。

根據以上發展，是不是可以說因為格達費長期惹惱美國跟歐洲，又擁核武自重，所以後者利用阿拉伯之春，把格達費搞下台呢？這個劇情很明確也很簡單，但卻跟事實不符。怎麼說呢？狂人也是有不太狂的時候，雖然格達費公開支持恐怖主義，讓雷根跟小布希等美國總統恨得牙癢癢的，後者更是將他和北韓、伊朗和伊拉克等「邪惡軸心」幾乎並列，稱之為「邊緣邪惡軸心（翻譯：流氓國家）」。

然而，可能是看到小布希出兵伊拉克之後的狀況，格達費在二〇〇三年時公開宣布放棄核武，並且在後續幾年間把設備、技術盡數移交給美國，迅速恢復與歐美的關係，不但當時的英國首相布萊爾於二〇〇六年親自率團訪問；該年年底也順利和美國恢復邦交；當然，長期與利比亞合作、找英美法等西方勢力麻煩的俄羅斯跟中國反應是：

「幹。」

一切似乎都順利發展，那又為什麼當利比亞內戰於二〇一一年二月，在第二大城班加西（Banghazi）爆發時，短短十天內，聯合國安理會就一致通過了一九七〇號決議，除了以違反人道罪為名，實施武器禁運之外，更凍結格達費與其家人的資產；後續還越做越狠，加贈一九七三號決議，增設禁航區（中國跟俄羅斯棄權），接著北約就出動軍隊進攻？

這要從幾個主要國家的脈絡來看。首先是法國，時值薩科奇尋求連任的重要關頭（法國二〇一二大選），因為任內奢豪作風不斷，民調直直落的他，一般認為想利用外交的成就來挽回聲望。看在長期與法國合作、與薩科奇政府關係也不賴的格達費眼裡，真的是氣到不行，於是他放話說：「你敢？小心我抖出二〇〇七年金援你的證據！」當下雖然左派報紙紛紛跟進，但這個爆料的真

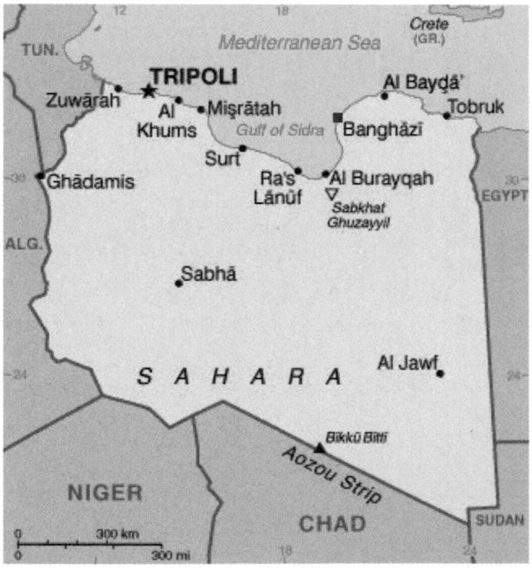

班加西位置圖

正威力，反而是到了二〇一七年，薩科奇想再次代表右派競選總統時爆發，讓他的總統美夢毀於一旦。

再來是美國，二〇〇三年成功說服格達費放棄核武，二〇一一年有機會把他搞下台，那當然是把他搞下台啊！還記得《九品芝麻官》的經典橋段嗎？拿常威的兒子去搞滴血認親，怎麼可能會跟常威的血不相容呢？把你格達費的核武搞掉之後，我美國哪還會怕你呀！

格達費：「你他媽玩陰的！」

美國：「桀桀桀，這個局我布了八年之久，終於噓到你這隻老狐狸啦。」（咦好像跑錯棚了）

除此之外，根據一位長期在該區域生活的朋友透露，格達費當時還有一項舉動，可以說是真正激怒美國，堅定了要改朝換代的決心。這個舉動，就是打算用利比亞庫存的一四四噸黃金，創造在阿拉伯世界和非洲國家通行的金本位貨幣——金第納爾（Dinar）。自從美國在一九七一年八月片面宣布廢除「美元黃金匯兌制」後，「石油美元」便成為美元做為國際計價單位和儲備貨幣的支柱。格達費擺脫美元束縛重歸「金本位」的意圖，意味著對美元霸權體系的公然挑戰。如果成真，美金必定會大跌。總之呢，美國也有要幹掉格達費的理由。

至於中國跟俄羅斯，一方面是距離有點遠，二方面也對格達費改向歐美示好的舉動不是滋味，採取了消極應對的態度。如此一來，這位北非狂人的最後一仗，不只是面對國內反對派，更是面對了整個聯合國安理會啊，也真是夠狂了。二〇一一年五月，八大工業國集團峰會在法國舉行，與會各國發表聯合聲明，要求格達費下台。

格達費：「你們G8國談的是經濟，干利比亞內戰屁事？」

夠狂了吧？與全世界為敵的下場，雖然是在當年十月被反對派捕獲、悽慘落魄的結束人生，但也可以說是狂個徹底了。然而，利比亞的苦難才剛開始，反對派成立了利比亞全國過渡委員會，但很快就陷入內亂，分裂成好幾股勢力，從二〇一四年一直打到二〇一七年還未停息。

好的，豐田戰爭跟格達費的故事到此告一段落，查德黑白講，我們下次再見！（何時？）

輯五

台灣折返跑之
札庫瑪國家野生動物園

1.

台灣對中國開放觀光後，由於缺乏完善的配套措施，只是為了配合當時政府政策，一味衝觀光人次，導致來的旅客敗興而歸、在地居民怨聲載道，不但相關產業不見得有起色（關鍵字請參閱：中資一條龍），中國社會更流傳一段順口溜：「不來台灣終生後悔，來了台灣後悔終生。」

這樣一句話，竟也適用在查德首屈一指的世界級國家野生園區札庫瑪（Zakouma），難道也是欠缺好的觀光政策，導致徒有名氣嗎？錯！大錯特錯！札庫瑪其實是相當值得一去的野生園區，相較於南非或其他非洲更為知名的園區，由於地理位置更為偏遠、交通更加不便，因此在保存狀況上更為完善，簡直可說是人跡罕至，稱之為人間秘境恐怕也不為過。

雖然從一九六三年就設立了這個國家公園，但是一直處於「設」後不理的狀態（老莊思想，無為而治？），直到內戰期間才又獲得關愛的眼神。一九八九年起由歐盟資助並且由歐盟及中非共同體共同營運，直到近幾年才交由查德政府自己接手。占地三千四百多平方公里，約十分之一台灣大。這座公園也被提名為聯合國世界遺產。

園區內約有一萬兩千多頭水牛、六百餘隻土狼、百餘隻獅子、四十五隻非洲豹，以及其他如獼猴、狒狒、大象、長頸鹿、花鹿、疣豬、老鷹、鱷魚，與其他各式小型鳥類等不一而足。

園區內採取對自然環境影響最小的建設方式，旅客中心與餐廳合而為一、住宿區以在地傳統建築為樣式，頂多改以水泥內裝。透過太陽能板提供所需電力。整個服務中心區域跟園區並沒有明顯的劃分，因此旅客可以在房內超近距離與野生動物有所接觸。

由於盡可能地維護自然環境，因此整個園區內沒有任何鋪設柏油的痕跡，全部都是最原始的泥

1. 園區正面照
2. 園區告示牌

旅客服務中心暨餐廳

土路。這也導致全年只能開放六個月左右的時間，因為每逢五月底至十一月的雨季，園區是完完全全的寸步難行。但是在開放期間內，高達數十種遊園路線，早、午、晚的參觀時程各能看到不同動物的生活作息；樹林、濕原、曠野、河畔、河谷，地貌極為豐富。更精彩的，是搭乘園方提供的改裝吉普車在園區內走踏，刺激程度遠超過公路之旅，四十五度斜坡上下簡直家常便飯。

然而，為什麼會有本文開頭的感嘆呢？其實更精確地說，應該要改成「一生一定要來一次，而一生來一次也就夠了」。第一個原因，是交通。外國旅客百分之九十九都是先搭飛機到恩加美納，然後再前往札庫瑪，除非你之前人就在中非共和國北邊，才會省下不少交通距離。如果你選擇坐飛機，那麼雖然省時，但飛機是那種飛澎湖金門的螺旋槳小飛機，不是天天都有班次，而且航空公司為了不虧損，都會希望載客率到一定比例才飛，因此選擇搭飛機，就要等。

不想等，可以直接開車過去，可是呢，從恩加美納到札庫瑪，單程距離超過七百公里，大約是台灣頭到台灣尾，台灣尾又到台灣頭這樣折返跑一次。路途不但遙遠、路況也不好，而且中途也沒有比較合適的過夜休息城鎮（經濟發展差到還不足以撐起旅館業，即使有，衛生環境跟安全問題，就連背包客都要審慎評估），因此，札庫瑪園區人員也會建議開車遊客，當天出發當天抵達，最為安全。

單趟七百多公里，要開多久？報告，通常是十二個小時。這個時間包含中午休息、路途上廁所休息、過村莊攔查點、收費站等。想飆快？不好意思，路況不允許，柏油路品質差、泥土路更是坑坑疤疤。萬一中間拖得久了，太陽下山前還來不及抵達的話，恭喜，你可能在車上過夜比較保險。因為園區內是沒有3G訊號、網路訊號，指示牌又是非常容易被忽略掉。所以根據園方建議，最好早上五點出發，這樣至少可以在下午五點半，太陽下山前，抓緊最後一絲落日餘暉，抵達旅客服務中心。

第二個會讓你覺得一生來一次就好的原因，是住宿環境。前面提到，對自然影響最小，是園區的最高指導原則。因此你的房間，對於能源的消耗是盡可能以最低限度為標準。是的，想必你已經猜到了：沒有冷氣。

白天動輒四十度以上高溫、晚上也三十幾度，為了怕蚊蟲叮咬還必須放個蚊帳睡覺，就算把窗戶都打開通風、電扇開到最大，還是熱到想罵髒話啊！而且這個敘述有沒有讓男性讀者想起一個熟悉的畫面？沒錯，就是當兵。所以如果你有這個計畫到札庫瑪旅遊，我誠心建議，除了防蚊防曬是必帶之外，再準備一瓶嬌娃爽身粉吧，記得要涼性的喔。

儘管在生活條件方面，非常符合園區宗旨般的「原始、自然」，但整體來說，依舊是非常推薦的值得造訪，接下來，就讓我們一同進入到札庫瑪這座瑰麗而豐富的寶庫吧！

2.

俗話說「三軍未動，糧草先行」，這一次去札庫瑪，雖然不是打仗，但由於路程遙遠、補給不易，事先準備好必要物資也是少不了的。如果以一車四個人來計算，一天一手一・五公升的礦泉水比較保險；如果擔心身體不適應鄉村地區的食物衛生環境，那麼餅乾麵包等乾糧建議多準備一些，像我們這一車還有水煮蛋呢；再來就是暈車藥，在〈來一趟公路之旅吧！〉一文中曾提及，路況很刺激的；最後呢，則是喜歡的音樂，單趟七百公里，這個旅途時間跟從台灣飛巴黎差不多啊，就算再怎麼喜歡看風景，也會看膩，再怎麼睡，也不可能一覺到目的地，我自己的慘痛經驗就是因為跟其他同車的同事有點年紀落差，然後在他們車內發現「經典國台語老歌全集」，接著我就聽了整整七到八小時的《在水一方》、《苦酒滿杯》、《國恩家慶》……。

好的，準備工作都完成後，那就出發吧。出了市區後，景觀迅速地遼闊起來，而且就在離首都不遠處，就能發現游牧部落在路旁紮營，休息中的駱駝猶如入定觀音，靜凝成一尊唐三彩；遠遠觀之，聞風不動。更厲害的是可以單腳勾起，完全不會疲的感覺。由於出發時間太早，部落的居民幾乎都還在帳篷內睡覺。這裡的帳篷不是我們所熟悉的露營用三角帳篷，而是厚重的布料縫製而成，可以擋風遮雨的橢圓形大帳篷，一頂帳篷塞個七八人絕對沒問題。

如果說首都的房舍以平房為主，偶有類似公寓的五、六層建築，那麼近郊的景象落差，想必令你印象深刻。經濟情況稍好的，就是還能夠上油漆、有鐵皮屋頂的土角厝；更為普及的，是玩過世紀帝國的朋友一定都有印象的，原始階段的圓磚茅草頂房屋：磚身約半人高，屋頂以茅草交疊成圓錐狀，沒有門或是以草蓆代之，外頭以茅草築成圍籬劃定領域。一個村落大約就是七八間茅草屋的規模，散落在主要幹道兩旁，偶爾有一台機車或豐田皮卡停在看似酋長居住的大屋旁，做為全村唯一的現代化交通工具。

若有需要上學的孩子，最常見的通勤方式，就是結伴步行，而距離最近、有學校的鄉鎮，單位往往以公里計算。四十餘度的艷陽、沒有遮蔽的晴空，日復一日的上學、放學……。課餘時協助家裡放牧、趕集，這就是他們的日常。

想必你已經注意到一個問題了，散落在這樣廣大的地帶裡，飲水要怎麼處理？近年來在聯合國與國際組織的協助下，每隔一兩個村落，就會看到一張小小的布置告示牌，上頭畫有查德與援助國

1. 住宿區外觀
2. 園區宿舍內部一景

的國旗，寫著「給某某村莊的用水」。這是由援助單位出錢出力，幫忙鑿井並安裝取水設施，讓居民可以就近取得地下水源。因此，一路上不時可以看見小朋友們三五成群地圍在水井旁，一邊運用槓桿原理取水，一邊也當成遊戲在玩耍著；不時濺出的水積成了小水池，則是吸引一旁的家畜如驢子前來解渴。

除了水井，也有學校。但學校的差異就挺大的，如果是經濟稍微好一點的城鎮，可能是幾間長型平房，跟廣大的校園，以升旗台為中心；如果是村落地帶，往往就是挑村落與村落間的空地，用粗一點的木棍和樹枝搭起簡陋的木寮（連房間的定義都無法符合），四面透風，裡面擺張白板，能寫字就行了。

我相信這些孩子們要的真的不多，因為他們可能根本不知道什麼叫「多」。有個屋子能遮風避雨、跟家人相聚；有水有食物、不會挨餓；能有學習知識的地方、分擔家裡的經濟……這樣就心滿意足了。

車子仍舊在道路上行駛著，一個又一個的村莊、一雙又一雙好奇的眼神，跟我們交錯而過。

由於行進路線正好介於沙漠氣候與草原氣候，兩旁的景象時而荒涼、時而多彩，地平線的彼端偶或出現聳立的山峰，十分吸睛。待到近處，更是令人讚嘆地貌之奇，相較於台灣的鬱鬱蔥蔥（當然還有被開發到像狗啃過一樣的），眼前的「山」，更像是神在這塊大地上玩著堆石頭的遊戲，堆著堆著被叫去吃午餐（被誰？），然後就放著不管了。或許在許久許久之前，那個人類還遠非世界主宰的年代裡，這些山群也是一片綠意盎然，經過長年風吹日曬的侵擾，化成一塊一塊的石；每一個石塊，想必都見證過一段人類永遠無法得知的歷史。

甚至，在某一處的石塊山腳，公路拐彎的地方，赫然發現缺了一小塊，形成可遮陽避暑的洞穴。隱約可見不知道哪家的驢子出來散步，正待在裡頭休息。以陰影處的規模來看，塞個十來個人也不成問題。這究竟是自然的巧合，還是人為的巧思呢？就不得而知了。

然而，即便是嚴苛如此、連山都灰黃的環境，僅僅憑藉著少許的水分，仍可見到低矮而稀鬆的枝椏，從石塊的縫隙間昂揚地挺立，生命的堅韌，縱然從外觀上看去是單調而近於死，內在卻自成一宇宙般地瑰麗。在法文裡，生活與生命是同一個字，其實在現實的世界裡，生活與生命本也是一體兩面。很多人會因為不如意，哀嘆著說像是沒有生命地活著，但只要還有一口氣在，生活就有變化的可能。

約莫到了中午，途中在野外短暫休息了兩次，有些人不願在樹叢裡解

1

2

放，好不容易忍到一路上最具規模的城鎮蒙構：至少這裡有一間現代化的加油站，以及附設的便利商店。一群人趕忙進到便利商店後方的小屋，是的，這裡有廁所。儘管那個味道彷彿是陳年秘藏一樣，但至少有個隱密的空間。只是當我走進去一看，小便斗呢？馬桶呢？這個空間什麼都沒有，只有正中間的一個小排水孔啊！

是的，你得到它了……這就是「廁所」，難度很高喔，如果你想保持乾爽的雙腳跟褲底走出去的話……

1. 鄉間小鎮一景
2. 游牧部落一景
3. 自然原野景象

3

好的，接下來我們還是繼續前行，從蒙構開始，就已經沒有柏油路了，所有的道路都是塵土跟碎石。一路行去，後方揚起宛如千軍萬馬的氣勢，車子很快就封頂變成身經百戰的樣貌，回去可有得清了。

但是跟清潔車子比起來，更重要的是，必須在太陽西下前趕到目的地。離開了蒙構之後，整個路程就再也不會經過有點規模的城鎮，只有部落，甚至什麼都沒有。隨著天色漸漸火紅，乘客的心也開始緊張了起來。在這個沒有路標、路燈、手機訊號、網路的地方，就算有滿天的星星給你辨識方向，你也不知道怎麼跟目的地連結。

可惜還是來不及趕到。天色黑了，白日時覺得充滿風情的草叢與樹群，在夜裡成為不知名生物的巢穴，又像是佇立在兩側的士兵，冷酷地觀察著外來的入侵者。任何的風吹草動，都讓人懷疑是否有肉食性的夜行動物在其中。忽然間，車燈照到龐然大物而停下！

是一頭出來散步的大象，屁股正對著車輛，兩只耳朵像蒲扇一樣搧啊搧，尾巴為了趕蒼蠅搖來搖去。可愛歸可愛，但讓我們感到更感心的，是大象附近有園區的工作人員，於是我們就在指引下，終於抵達了遊客中心。

3.

在工作人員的引領下，各自前往自己的房間放行李，基本上不需要特別住豪華房啦，除了床比較高級一點之外，其他都跟一般房是一樣的。吃完晚飯後，大夥坐了一天車也累得差不多，回房休息準備隔天的行程。

剛踏出旅客中心，不經意地往天空看去，腳步立刻下意識地停住——太美了，這一生不曾見過這樣的光景——光害幾乎為零的環境，加上恰巧又是大晴天，此刻眼前的蒼穹只能用眾星拱月來形容，而且還是滿月！

宛若上帝遺落的夜明珠，懸在深藍的夜幕上，柔和而耀眼的光線畫出一弧溫暖的圓；接著將目光一轉，星子在舉目所及的範圍內，占據的面積遠大於夜幕，讓人不但神迷，而且不自覺地想躺在草地上，靜靜地望著它們的閃爍，每一次的明暗，就好像一次對話，於是整個夜空成為一組宇宙的合唱團，按照四季的旋律吟唱創世以來的故事，只可惜人類尚無這樣的智慧得以參透。

又待了一會，直到理智跟身體的疲累催促著該早點休息，這才不情願地回到房間。可惜的是，過了今晚之後，就再也沒有那麼好的天氣可以欣賞銀河了。而且房間裡面又熱又悶，躺下去久久難以入睡，反而是早上四點半就匆匆起身沖洗，發呆等五點半的早餐與六點的出發……我說這根本是在當兵吧！

與導遊史邁爾合照

好的，觀覽用吉普車已經在停車場等待我們。園區的吉普車是改裝過的加長版，不像電影侏儸紀公園有什麼強化防護玻璃，有著只是一頂僅能遮陽無法擋雨的帆布罩在上頭，前後左右都是空的，讓旅客能與大自然有著最緊密的接觸。我們這一車的司機兼導遊長得有點像之前跟吳念真一起被盜圖的俠客歐尼爾，名字也很可愛，叫做史邁爾（Smile）。提醒我們一些注意事項後，就開始早上的遊園行程囉。

六點出發，太陽的熱還沒有抵達地球，因此在涼風的吹拂下，十分的舒適；然而沒什麼避震效果的吉普車，沿著原始道路行進，不停地震醒你想睡覺的心靈，也彷彿是在說昨天一整天的車程不過是熱身而已。

你知道的，像我們這種初來乍到的菜鳥觀光客，一開始看到只要是會跑會跳會飛的，就如同反射動作般地拿出手機不停拍拍拍，例如水鹿啦、狒狒、水牛啦，都會讓人瘋狂點擊手機按鍵。但是過了幾次之後，就對這些基本款興趣缺缺，因為胃口被養大了。

因為是早上的行程，史邁爾刻意避開比較危險的肉食動物，因為牠們可能處於覓食的狀態，要是遇上了，比較麻煩。因此一路上主要見到的，都是比較無害的草食性動物。雖然安全，但缺點就是這些動物警覺性高，無法靠太近，好比漫畫《獵人》裡面的圓，被狩獵的草食性動物，警覺半徑可能有五十公尺那麼大，車輛只要一靠近，就算立刻熄火，牠們也能感受到聲響所造成的空氣震動，進入警戒模式，此時只要我們再有一絲絲想靠近的意圖，牠們立刻拔腿狂奔。例如成群的瞪羚、鹿，都是如此。

繞了一會，離開低矮的灌木與樹林區，經過一處小湖泊後，眼前瞬間豁然開朗，整片一望無際的濕原，恐怕要用桃園機場來做為計算單位，而且至少有三座吧。濕原的彼端是一條大河，隱約可

湖泊旁覓食中的鳥群

見有鳥禽類在一旁棲息，史邁爾將吉普車慢慢駛向河邊，到了距離河邊約二十公尺處，眼前出現的是約莫百隻以上的大白鷺跟……應該是短翅鴴吧？我事後對圖鑑對好久。總之呢，牠們悠閒地在河邊游水、覓食、清潔身體，偶爾振翅到空中滑個一圈，繼而優雅地降回水面，此刻真的後悔沒有帶專業相機過來，手上的手機根本拍不出來眼前的感受。這種後悔，在接下來的行程中更加深刻。

接下來繼續彎彎繞繞，屁股和背也跟著震震盪盪，經過一處因雨季的雨水而累積成的水池，儘管在乾季的當下已經乾涸得只剩一小片範圍，但巧妙地剛好圍出一片可供樹叢生長的範圍。依樹叢的高度判斷，這一塊區域正好因稍微低窪，蓄水可供整年使用，才得以生長得這麼綠意盎然，與之前看到不知是否還活著、總是一片枯黃色的樹種相比，真的是光鮮許多。

離開小水池，車子轉向草原地帶行駛，忽然間史邁爾將車輛停住，跳下車去。我們順著他的方向看過去，發現居然有一顆水牛的頭骨！從風乾的程度來看，想必從牠被啃光的當下，到跟我們相遇，大概已經有好幾年的時間了。車上的眾人按慣例拿起手機拍拍拍，想說就這樣結束的時候，史邁爾居然把頭骨拿起來，往我們走過來，示意說：「可以拿著合照喔。」於是就看到幾個比較膽大的人（包括我），紛紛下車排隊，準備捧著頭骨合照，整個不管說既然有頭骨出現在這邊，是不是也有掠食者這項合理的懷疑……。

不過呢，拿起牛頭骨的時候，還真的是一種挑戰，好重啊！手感大約有九公斤吧，加上兩根大大的角，想喬好可以拍照的角度真是不容易。然而，這一切對於史邁爾來說都不是問題，他熟練的程度彷彿已經跟牛頭骨是多年的好朋友，三兩下就掌握到最適合拿著的角度，指導其他人擺出最適合的姿勢，自己更逗趣地將頭骨蓋住自己的臉，變身成牛頭人。

等到大家都輪過一輪，拍完照後，史邁爾將牛頭骨放回路邊，載我們回旅客中心準備用午餐。

很重的牛頭骨

導遊史邁爾展示牛糞

望著那尊牛頭骨，忽然覺得，這該不會也是「觀光行程」的一部分，凡是有遊客來，就會來一場這個橋段吧……頭骨啊頭骨，真是辛苦你了（合十）。

由於地處偏遠，基本上你如果想吃熱食、冰飲料，就只能來旅客服務中心啦。但這邊也不會吃定你只能在這裡用餐，如果三、四天的住宿期間中，你可以忍受溫飲料、啃麵包，三餐都自己解決也是沒問題的。當然，會這麼做的人很少。這裡的三餐比照歐陸，早餐是簡單的牛奶、咖啡、麵包；午晚餐則是三道式。那麼問題來了，這附近根本沒有像樣的城鎮，眼前的食材到底是哪來的？不會是就地取材吧？

跟史邁爾詢問之後，才知道原來我們吃的東西，也是從恩加美納運過來的，如果你是搭飛機來札庫瑪，搞不好你吃的東西就是跟你搭同一班機喔。

4.

札庫瑪的遊園時段，原則上是早上六點至早上十點；下午三點至下午六點；晚上六點半至晚上九點。必須注意的是，時段固定，不接受調整。至於為什麼早上跟下午中間空檔那麼久，因為太陽太可怕啦要躲進室內避難啊！

話說很神奇的地方是，晚上想入睡的難度高得不像話，但白天的室內卻相對涼爽宜人得多，20點求解？與同事討論的結果，可能是白天的時候建築物會吸熱，加上室內陰影，相對外面高溫曝曬，有一段落差；但晚上的時候開始散熱，因此室內熱氣在散去時沒有外頭那麼快速，導致晚上悶熱、白天還好。

不過，俗話說塞翁失馬，焉知非福，某天清晨正因為早早被熱醒，到室外散步時，居然發現不到十五公尺處有一隻非洲象依偎在樹旁覓食。這邊要提醒各位讀者的是，大象是個脾氣不好又很愛記仇的物種，陌生人千萬不要靠太近，不然牠首先會狠狠地哼一口氣來威嚇，要是你再不聽，就會小跑步（人類視角：戰車衝鋒）往你這邊衝過來，讓你體會一下什麼叫做世紀帝國裡的波斯戰象。無巧不巧的是，隔天還真的遇到一個白目死屁孩被大象教訓的實況，詳情請見番外篇。

下午的行程，大家都是一臉剛打完第二次世界大戰的樣子，處於一種想睡睡不著也捨不得睡的狀況，然而儘管是三十幾度的焚風，吹在臉上仍舊有著安撫的催眠效果，只是當眼皮快要閉起來的時候，碰咚！路上一個坑洞讓屁股跟坐墊短暫分離十公分，你又被震醒了。

史邁爾看大家有點意興闌珊的樣子，老練地說：「那帶你們去看一些刺激的吧。」車子彈彈跳跳地（對就像跳跳虎那種樣子）開了一段，鄰近一處樹叢時就熄火停下，史邁爾示意大家往樹叢裡面看，看什麼呢？

獅子。

有一頭母獅跟兩隻小獅子正在樹叢中的陰影處休息。小獅子可能在睡覺，母獅懶洋洋地側躺在地上，但雙眼卻一直盯著我們，保持警戒模式。由於是第一次在不到十五公尺的距離處看見獅子，大家都非常的戒慎恐懼，大氣都不敢多喘一口。還記得出發前，史邁爾曾經跟我們行前教育：「遇到獅子要特別小心，牠們看見吉普車會認為是大型動物，觀察我們的動作，如果聲音太大，吸引牠們的注意，很有可能會進入狩獵模式，到時我們就必須趕快離開現場，所以千萬不能下車。」

不過呢，由於下午時間通常獅子都吃飽了，加上太陽很大，這個時間通常是牠們的休息時段，相對來說是比較安全的。另一次遇到獅子的場合就更好玩了，是一隻公的獅子，可能是懶得理我們或是覺得我們很煩，當車子一靠近，牠就退後到安全距離外；車子再跟上去，牠就再後退。這種「車車不動，我就不動；車車一動，我就啟動」的遊戲玩了大概十分鐘後，獅子終於受不了，拔腿奔離現場，搞得好像史邁爾之前的警告是在跟我們話唬爛一樣。

但是還是要提醒大家，在類似的行程中，千萬不要下車，更必須遵守導遊的指示，獅子看起來無害，是因為牠現在不想理你，不然其實在牠的眼中，整車遊客都是香噴噴的鮮肉啊。保持安靜跟距離，是最高指導原則。

獅子看完了，車子往另一個方向開去。話說札庫瑪的遊園路線高達二十幾條，而早午晚又各有不同的風貌與出沒動物，因此短則待個一天，長可以到一個禮拜以上，只要你能適應住宿環境的話……。

開著開著，眼前出現一片約三十度的斜坡，原本以為史邁爾會將車子停下來或轉彎，但是他跟大家說了一句：「請握緊前面的欄杆。」接著就直直開下去了。不愧是越野吉普車啊！可比飛機遭遇亂流的震撼啊！

下完斜坡，眼前是一條蜿蜒的河川，史邁爾停好車，帶領我們往河岸走去。約莫快到河邊時，他示意我們往河裡看去，水中有三三兩兩露出水面的不規則石塊，但卻沒有鳥類居於其上。不對啊，為什麼石塊附近會有氣泡冒出來？

「有看到鱷魚嗎？」史邁爾說。

仔細算了一下，夭壽，十幾隻以上捏。大夥又一次的繃緊神經，深怕鱷魚群忽然想吃個下午茶，朝我們衝過來。幸好牠們大概也是覺得河裡冰冰涼涼比較舒服，懶得上岸。而在鱷魚群的更遠一端，則有些水牛待著，雙方井水不犯河水地共享著河流。

把車子開上岸後，天南地北地又繞了一陣，有眼尖的團員脫口而出：「長頸鹿！」是的，大家從小耳熟能詳的長頸鹿，在這裡教你說美語喔（嚴重大誤）。由於這一帶的樹林多屬低矮，最高也差不多跟長頸鹿同高，因此很容易就能找到牠們。不過不得不說，長頸鹿的警覺性也是數一數二的，往往聽到引擎的聲響，車子都還沒靠近，牠們就開始小跑步，接著拔腿狂奔。更神奇的是，牠們的腳底吸音能力有夠強，那麼大一隻全力奔跑的時候，居然幾乎什麼聲音都沒有產生！如果把眼睛閉起來，長頸鹿與樹葉擦身而過的聲響，還以為是風吹造成的呢。

說到全力狂奔，就一定要提傳說中的遷徙畫面。札庫瑪雖然沒有肯亞那麼大規模程度的動物遷徙，但我們也親眼目睹了近千隻的水牛從眼前呼嘯而過的場景。一開始還沒有意識到發生什麼事情，只是隱隱感覺到地面有些震動，還以為是吉普車行駛時造成的，但轉念一想，車子都熄火了，怎麼可能震動？往前方看去，沙塵瀰漫、一片土黃色中，是整群的水牛由左而右地小跑步移動著，一直持續了十幾分鐘，隊伍才漸漸拉長、看到尾端。令人莞爾的是，卡通裡的橋段是真的，有些年紀較小、或是移動速度較慢的水牛，一副傻乎乎的趕路模樣，跟在隊伍的後端，實在是太可愛了。

1. 鱷魚們棲息的河流
2. 長頸鹿近照

5.

用完晚餐，我們立刻上車進行夜間導覽。史邁爾出發前跟我們說：「肉食的夜行性動物多半是在這個時間開始覓食，保險起見，會有一位持槍警衛跟我們同行。另外，如果遇到比較血腥的場景，也千萬不要驚慌。」

我們這一車不知該說是運氣好或壞，沒有遇到所謂的覓食場景，但另一車的同事據說才出發沒多久，就目睹了土狼（《獅子王》裡反派角色的部下）圍在一頭水鹿旁「吃晚餐」的實況。一般來說，像土狼這種生物比較少主動覓食，通常會讓老大，也就是獅子獵捕、吃完之後，再去撿剩下的來吃。不過從轉述的內容來看，似乎是土狼群自己主動圍捕的。不管怎樣，剛出發就遇到這種震撼場景，就算想睡覺也是瞬間精神百倍了。

夜晚的札庫瑪只有一個字，就是黑。吉普車的燈只能照亮前方十幾公尺處，兩側只能隱約看到樹林的輪廓。沒錯，看到這裡，你的想法一定跟我一樣：「這樣是要看蝦密？」身為專業司機兼導遊，史邁爾從駕駛座下方搬出了一具……軍用探照燈。電源一接，光線強到可以投射到天空演蝙蝠俠降臨了呢。看到這麼有趣的東西，我立刻自告奮勇在副駕駛座上幫忙，一下左，一下右，順著燈光看去，如果有映照到動物的身影，牠們的眼珠會因為反光而閃閃發亮。但是因為新手技術不好，我照了一陣子，只照到體型比較大的水鹿之類。

史邁爾將探照燈接手過去，不但開車的速度沒有減緩（其實本就不太快，但這種黑夜還是讓人覺得心驚驚的），左手方向盤，右手探照燈的架勢，居然還可以一邊留意路況、一邊搜尋動物。不只是水鹿、水牛、猴子都逃不出他的燈光，我們甚至還二度發現獅子。不過這頭獅子似乎也是吃飽了的樣子，被我們的探照燈搞得有點煩，一直往其他方向閃去。追了一陣，也就算了。

札庫瑪範圍十分廣大，在園區四周也有當地居民的聚落，或許是因為有政府單位的補助以及相關工作機會，他們的房舍雖然樣式傳統，但明顯是水泥蓋成，環境要好上很多。當我們的車輛來到附近時，發現也有土狼三三兩兩的盤踞在附近，問說這樣居民的生活是否會受到影響？史邁爾回說：「不會，土狼跟居民彼此有默契，土狼只會在附近徘徊，不敢進來。」

夜行性動物裡，最重要的就是豹了，但也是數量最稀少的。根據隨車警衛表示，他在這裡服務超過三十年，目擊次數才十六次，換句話說，像他這樣天天照三餐跑園區的專業人士，兩年才能看到一次豹，可見機率有多稀少。不過這也是很正常的，畢竟目前園區內豹的數量據說不到二十隻，散落在十分之一台灣的範圍裡，又是晚上，真的很難找。

另一個很難找的原因，是豹的習性會將捕到獵物丟到樹上這個……風乾熟成？總之就是要往樹林裡面去找，但是已經掛點的動物，沒辦法利用眼睛反光這個特色，更增加了搜尋的難度。於是乎，探照燈一直在樹上轉啊轉，我們的頭也跟著光線轉呀轉，這個時候，已經沒有人在意台灣的習俗，會不會在樹上看到一些超自然的事物了。

然而，連日來的舟車勞頓，早已讓大夥的體力消耗殆盡；儘管剛出發時目擊獵食現場，讓精神為之一振，卻很快地在不停的搖擺中，讓睡意入主了意志中樞，有涼爽的夜風、如搖籃般的晃動、靜謐的四周，以及規律的引擎聲……要多好睡就有多好睡，於是等到再次醒來，已經回到旅客服務中心了。不幸中的大幸，或許是這一趟沒有看到豹吧？

由於中間有休息了一下，部分團員想繼續待在旅客服務中心點杯飲料聊聊天，為這趟旅程做個輕鬆的結尾。沒想到，飲料還沒送上，工作人員倒是先過來說：「不好意思，因為我們收到住宿區

夜間遊園景象

附近有獅子出沒的情報，為了安全起見，現在要護送你們回房間，請跟我一起搭車。」

真是個輕鬆的結尾啊，不愧是道地的野生動物園區。

然而，回程的路上，發生一件事情，讓人的心情輕鬆不起來。當天大家先是驅車到大門口合影留念（因為第一天來的時候天色昏暗，直接從其他小路開進來），接著往恩加美納的方向開。起初經過一片廣闊的濕原，附近村落的人們趕著牛羊前往飲水取食；接著是一片稀疏的樹林，乾枯的稻草覆蓋地面，成為一幅金黃的地毯。

不多時，有些人想上廁所了，我們便在一處小村落附近停車，讓大家就地找掩護解決。不想上廁所的人們，則是下車伸伸懶腰、活動活動筋骨。我和一名同仁發現有三五個小朋友好奇地往我們這邊瞧著。揮揮手，但他們沒有反應，想來是警戒還是高過了好奇，想說車上還有多的零食，便拿起一盒品客送給他們，稍微往前走個幾步後，他們發現我們正在靠近，於是就更往後退了。我們打開品客，拿出一片吃給他們看，證明這是食物，接著思考說要怎樣拿給他們。

此時，前車的車窗搖下來，一名中國籍的幹部出身喝斥說：「別靠過來，我們快成功了！」成功？指的是把零食交給小朋友嗎？聽到這句話，我跟同仁就先往後退，等著看是怎麼樣的成功法。小朋友們看我們退後，就慢慢地往前，然後眼神聚焦在前車附近的草叢裡，小跑步地往前，然後蹲下身，撿起了一些看起來是糖果的東西。

由於前車從停下來之初，就沒有下車過的跡象，因此糖果出現在地上，就只剩下一種可能性：用丟的。一但意識到這點，然後看著小朋友們高興地拿著糖果跑回家的樣子，內心有種很詭異的不協調感覺。我轉頭望向同仁，他的表情透露出跟我有著一樣的想法，於是我們決定，靜靜且輕輕彎腰，把品客放在地上，然後回到車上。

花了些時間思考，這種不協調感的根源是什麼。行經一處坑洞，車身震了一下，然後兩個字竄進了我的腦海：「尊重。」同樣地，這一瞬間，我忽然了解了查德這個國家的許多事情，以一個異鄉人的角度。

番外篇：屁孩不分國界

問大家一個問題：網路上爆紅的行車紀錄器裡頭，通常都具備什麼元素？答案是：屁孩跟三寶級駕駛。其中又以屁孩特別容易讓人擊掌叫好，展現老天爺報應不爽的公正裁決。番外篇要來跟大家分享的，就是發生在札庫瑪野生動物園區裡，我們親眼目睹的查德屁孩插曲。

話說在上午的行程中，即將返回旅客服務中心前，史邁爾在路上拐了個彎，往第一天差點迷途的叉路開進去。他說由於輪胎有點沒氣，為了下午跟晚上的行程，需要花一點時間整備，請我們先在這裡稍等。

1

2

下車之後，他領著我們往屋簷走去。

然後我們都先傻了一下。

有好幾隻大象正在庭院的水坑裡喝著水，還有幾隻直接待在屋簷下，讓工作人員用水管往鼻子裡灌水。距離近到伸手就可以摸到了。工作人員示意我們也可以餵大象喝水，但再三提醒動作要小、不可以打擾大象，以免嚇到牠們。這點倒是不需要擔心，因為我們才是被嚇到的一方……。

由於大象的個性容易受驚也容易生氣，我們每個人都完全遵照指示，在特定的位置，用特定的手勢拿起水管，像澆花一樣地固定著，等大象自己將鼻子伸過來。然後趁牠們喝水時，趕緊合照，當然，過程中嚴禁觸摸牠們。

大象喝水的方式非常可愛，由於鼻子實在太長，因此索性將鼻子變成容器，先呼嚕呼嚕地裝到一定程度，往嘴裡塞，接著一口氣噴射出來，轟隆隆地。然後繼續重複這樣的流程，直到喝飽為止，根據我的粗略計算，青少年體型的大象，喝飽一次可能要用到三、四桶的水桶量。

大象的脾氣不好，可不只是針對人類，而是一視同仁的。我們拿著水管的時候，眼前聚集了三隻大象，其中年紀最大的，姑且稱之為技安吧，因為牠的動作真的很像技安。明明自己已經喝很久了，還是霸著位置不肯讓出來，兩邊比較小隻的，想趁著技安將鼻子往嘴巴裡灌水的空檔來裝一點，也被技安用身體或其他方式威嚇、逼退。

「老子就是不爽給你喝。」

餵了一陣子，大夥也都拍完照後，將水管交還給工作人員，我們在旁邊等車、休息。這時候來了一台豐田皮卡，上頭漆有查德跟歐盟的旗幟，猜想應該是相關的人員吧？走下車的兩人年紀明顯不大。沒錯，其中一位就是番外篇的主角：查德屁孩。屁孩頂著一頭極短髮、鮮紅格子襯衫、低腰牛仔褲，皮帶跟脖子上的項鍊都是金閃閃。最重要的，是屁孩從關上車門的那一剎那，舉手投足間就流露出一種「天上天下唯我獨尊」的屁孩味，真的是典型的屁孩啊。相較之下，跟他同行的人真的，好多了，以下稱之為不屁孩吧。

屁孩看到餵大象喝水，十分高興，也想來體驗一下。工作人員提醒他注意事項時，他老兄一副左耳進右耳出的樣子。果然，拿到水管後，另一隻手不安分地往大象鼻子上摸去，被工作人員制止。屁孩之所以是屁孩，正是在於不會因為有人跟他說人話，他就會乖乖聽話，照摸。結果技安大象就有點不太爽，把鼻子移開。這時工作人員看不下去，把水管搶回來，叫他在一邊等。不屁孩幫忙道歉之後，兩個人就旁觀了一陣子。工作人員或許心軟，沒多久又給了屁孩一次機會，讓他不要太失望。畢竟都特地開車到這裡來了，就算是住大門附近，開到這裡也要半小時啊。

結果工作人員又再一次失望了。屁孩完全沒有學乖，不但繼續伸手摸技安大象，人還往牠身上靠。技安此刻一方面是因為覺得很煩，二方面也真的感受到驚嚇，鼻子一個甩尾，就把屁孩從陽台掃進地上的水坑！

聲響一出，屋內立刻衝出來一名白皮膚的老先生，把手伸向屁孩。沒想到接下來的發展，簡直可媲美連續劇。白老先生一握到屁孩的手，馬上把人拽到陽台上，空著的左手緊握成拳狀，手臂青筋畢露，看起來是運足了十成功力，一招「查德霸王殺」眼見就要直擊屁孩的腦門！

大家別緊張，白老先生嚇嚇他而已，拳頭距離屁孩十公分左右就停下來了。氣勢倒真的把在場的人全部都震住了。接著他對工作人員開口說：「沒有第二次機會，我要這個人永遠離開這裡。」語畢，轉身回到屋內。整個過程不超過三十秒，但我們在場的人彷彿中了石化咒一樣，久久不能自已。太帥啦！

聽到指示之後，工作人員開始把屁孩請回車上，一開始屁孩還想賴著不走，不過連不屁孩也知道苗頭不對，跟著工作人員一起把人往車上拉。顧不得身上沾滿了土水，推上車後立刻把門關上，

1. 宿舍外覓食的大象
2. 餵大象喝水
3. 與持槍警衛合影

3

發動、調頭離開。

向史邁爾打聽，原來這一位白老先生是從南非聘過來的園長，終年住在札庫瑪園區裡，綜理一切事物。難怪所有工作人員看到他都畢恭畢敬的，的確是相當有威嚴的一位園長啊。而且坦白說，當時的情況其實真的很危險，因為我們不知道大象當時受驚跟不爽的程度到哪裡，鑑於屁孩人已經跌坐在大象的跟前，萬一大象把這個當成是挑釁或威脅，把腳舉起來踩下去的話……

這個小插曲，再一次提醒我們兩件事：第一、出門在外，遵守指示，是安全回家最快的路；第二、屁孩果然是全世界都會出現的生物。

被趕走的屁孩

國家圖書館出版品預行編目(CIP)資料

勇闖非洲死亡之心：一個台灣人的查德初體驗 / 陳子瑜著. -- 初版. --
臺北市：前衛, 2018.05
256面；17x23公分
ISBN 978-957-801-841-9(平裝)

1.遊記 2.查德

763.29 107004077

勇闖非洲死亡之心
一個台灣人的查德初體驗

作　　者　陳子瑜
責任編輯　林雅雯
美術編輯　兒日設計・Ancy PI

出 版 者　前衛出版社
10468 台北市中山區農安街153號4樓之3
電話：02-25865708｜傳真：02-25863758
郵撥帳號：05625551
電子信箱：a4791@ms15.hinet.net
出版總監　林文欽
法律顧問　南國春秋法律事務所
經 銷 商　紅螞蟻圖書有限公司
臺北市內湖區舊宗路二段121巷19號
Tel：02-27953656｜Fax：02-27954100

出版日期　2018年5月初版一刷
定　　價　新台幣400元

Printed in Taiwan　ISBN 978-957-801-841-9